Ernst Haeckel

Die Naturanschauung Von Darwin, Goethe Und Lamarck

Ernst Haeckel

Die Naturanschauung Von Darwin, Goethe Und Lamarck

ISBN/EAN: 9783741101076

Hergestellt in Europa, USA, Kanada, Australien, Japan

Cover: Foto ©Thomas Meinert / pixelio.de

Weitere Bücher finden Sie auf **www.hansebooks.com**

Die
Naturanschauung

von

Darwin, Goethe und Lamarck.

———◆———

Vortrag

in der ersten öffentlichen Sitzung

der

fünfundfünfzigsten Versammlung Deutscher Naturforscher und Aerzte

zu Eisenach am 18. September 1882

gehalten von

Ernst Haeckel.

———◆≡◆———

Jena,

Verlag von Gustav Fischer.

1882.

Vorwort.

Der nachstehende Vortrag erscheint hier in derjenigen weiteren Fassung, welche ich ihm ursprünglich (im Juli d. J.) gegeben hatte. In wesentlich derselben Form ist er im October-Heft der „Deutschen Rundschau" (auf den ausdrücklichen Wunsch von deren Redaction) abgedruckt worden. Da letztere aber das Manuscript bereits im August erhalten hatte, fehlen darin mehrere Sätze, welche beim Halten des Vortrags (am 18. September) extemporirt wurden.

Als ich den Vortrag in der ersten allgemeinen Sitzung der 55sten Versammlung deutscher Naturforscher und Aerzte hielt, erschien es, um den Zeitraum einer Stunde nicht zu überschreiten, angemessen, etwa den dritten Theil desselben wegzulassen. Die übergangenen Stellen, welche nicht vorgetragen wurden, sind im Texte in Klammern eingeschlossen worden (*[—]* S. 7—9, 15—20, 24—30 und einige andere).

Die Anmerkungen, welche ich hier an den Text angeschlossen habe, sollen theils einige litterarische Nachweise geben, theils Missverständnisse aufklären, welche durch irrthümliche Referate der Tages-Presse verbreitet worden sind. Zwei Stellen des Vortrags sind von der Berliner Presse fälschlich auf Rudolf Virchow bezogen worden, wahrscheinlich in Anknüpfung an dessen Rede auf der 50sten Naturforscher-Versammlung in München. Ich hatte absichtlich weder diesen Namen, noch den Namen irgend eines anderen lebenden Schriftstellers in meinen Vortrage genannt.

Der erste missverstandene und mir besonders zum Vorwurfe gemachte Satz (S. 7) lautete extemporirt wörtlich: „Wir halten es daher auch ganz unter der Würde dieser hohen Versammlung, die kläglichen Angriffe zu widerlegen, welche noch vor wenigen Wochen der Präsident der sogenannten „Deutschen Anthropologischen Gesellschaft" in Frankfurt a. M. gegen Darwin zu richten für passend erachtet hat". Nun war aber dieser Präsident nicht Dr. Virchow, sondern Dr. Lucae, ein Frankfurter Arzt, der einige unbedeutende anatomische Special-Untersuchungen gemacht hat, der aber den bewunderungswürdigen Fortschritten der heutigen vergleichenden Anatomie ganz fern steht. Dr. Lucae hatte unter Anderem besonders hervorgehoben, dass die wichtigste Folgerung des Darwinismus, die Abstammung des Menschen betreffend, „von dem gründlichen Anatomen Vischer als völlig unhaltbar nachgewiesen" sei. Da mir dieser Name ganz unbekannt war, erkundigte ich mich bei mehreren Anatomen von Fach nach demselben, erfuhr aber, dass er diesen ebenfalls nicht bekannt sei.

Die angeführten haltlosen Angriffe des Dr. Lucae würden, gleich zahllosen ähnlichen aus den letzten beiden Decennien, gar keine Erwähnung erfordern, wenn sie nicht ein gewisses unverdientes Relief dadurch erhielten, dass derselbe mit ihnen die XIII. Allgemeine Versammlung der Deutschen anthropologischen Gesellschaft als deren officieller Präsident eröffnete. Da diese Gesellschaft seit Jahren als das letzte noch übrig gebliebene Lager aller wissenschaftlichen Gegner Darwin's gilt, und da alljährlich bald der Präsident, bald der General-Secretär derselben ihrem Antagonismus gegen Letzteren darin Luft machen, so möge uns hier der Hinweis darauf gestattet sein, dass dieselbe überhaupt nicht ein competentes Forum zur Entscheidung derartiger Fragen ist. Denn der weitaus grösste Theil dieser sogenannten „Anthropologen" besteht entweder aus naturwissenschaftlichen Dilettanten oder aus Archaeologen, Historikern und Ethnographen. Diese mögen in ihrem Fache sehr tüchtige und verdienstvolle Forscher sein; über den wahren Organismus des Menschen und seine phyletische Entwicklung aus dem Wirbelthier-Stamme können sie aber desshalb kein Urtheil haben, weil ihnen die dazu erforderlichen gründlichen Kenntnisse in der vergleichenden Zoologie fehlen. Diese empirischen Kenntnisse, besonders in der vergleichenden Anatomie und Ontogenie, aber auch in der Paläontologie, vermissen wir selbst bei manchen angesehenen Koryphaeen der Anthropologie, und es klingt ungemein naiv, wenn dieselben noch heute (— wie in den Zeiten vor Linné —)

die Naturgeschichte des Menschen von derjenigen der „Thiere" principiell trennen wollen.

Das zweite Missverständniss, welches die Berliner antidarwinistischen Blätter zu einem Angriffe gegen meine Rede benutzt haben, betrifft meinen Protest gegen den „pathologischen Spiritismus" (Seite 51). Weil Rudolf Virchow in Berlin Professor der „pathologischen Anatomie" ist, soll dieser Protest gegen ihn gerichtet sein! Es ist doch wohl selbstverständlich, dass unter „Spiritismus" nur jene abergläubische Geisterseherei des neunzehnten Jahrhunderts zu verstehen ist, die gegenwärtig durch zahlreiche Zeitschriften verbreitet wird, und der leider selbst einige Naturforscher (Dr. Wallace, Dr. Zoellner u. A.), durch schlaue Taschenspieler getäuscht, zum Opfer gefallen sind. Dass dieser Spiritismus, vom psychiatrischen Standpunkte betrachtet, eine „pathologische" Erscheinung ist, darin stimme ich wohl eben so mit Virchow, wie mit den meisten Irrenärzten überein.

Wie unbegründet jene Missverständnisse und die darauf gebauten Anklagen sind, geht schliesslich einfach daraus hervor, dass der heutige Standpunkt von Virchow gegenüber dem Darwinismus völlig verschieden von demjenigen ist, den er vor fünf Jahren in München einnahm. Indem er in der angeführten Anthropologen-Versammlung unmittelbar nach Dr. Lucae das Wort ergriff, wendete er sich nicht allein gegen dessen principielle Behauptungen und stattete Darwin den gerechten Zoll seiner hohen Bewunderung ab, sondern er gestand sogar ausdrücklich zu, dass seine wichtigsten Lehrsätze logische Postulate, unabweisliche Forderungen unserer Vernunft seien. Als solche „logische Postulate" bezeichnete Virchow sogar die beiden bestrittensten Punkte unserer heutigen Entwickelungslehre: einerseits die Hypothese, dass die ersten Organismen durch Urzeugung aus anorganischen Substanzen entstanden seien; andererseits die Schlussfolgerung, dass der Mensch von einer Reihe niederer Thiere abstamme. In ersterer Beziehung sagte er: „Ja ich leugne keinen Augenblick, die Generatio aequivoca ist eine Art von allgemeiner Forderung des menschlichen Geistes", und fügte dann hinzu: „Ganz analog liegt es auf der andern Seite. Die Vorstellung, dass der Mensch durch langsame und allmälige Entwickelung aus einer Reihe niederer Thiere hervorgegangen sei, ist ebenso ein logisches Postulat".

Wir Zoologen, denen naturgemäss die Aufgabe zufällt, diese thierische Ahnenreihe des Menschen wissenschaftlich nachzuweisen und durch die empirischen Urkunden der Palaeontologie, der vergleichenden Anatomie und Ontogenie phylogenetisch zu begründen, können mit dieser logischen Auffassung nur einverstanden sein. Denn wir kämpfen ja seit zwanzig Jahren für deren wissenschaftliche Berechtigung. Der Umstand, dass ein berühmter Naturforscher, welcher lange Zeit als einflussreicher Gegner Darwin's galt, jetzt zu diesem wichtigen Geständniss sich veranlasst sieht, beweist am besten unser Recht, hier den siegreichen Abschluss der transformistischen Kämpfe der letzten beiden Decennien zu feiern!

JENA, am 6. October 1882. **Ernst Haeckel.**

Faust's Schatten an Charles Darwin.

(Zum siebenzigsten Geburtstag Charles Darwin's,
am 12. Februar 1879.)

— ⚬ —

„Geheimnissvoll am lichten Tag
Lässt sich Natur des Schleiers nicht berauben,
Und was sie Deinem Geist nicht offenbaren mag,
Das zwingst Du ihr nicht ab mit Hebeln und mit Schrauben."

Wen hat durchbebt wie mich das Wort,
Das hoffnungslose, da den Hort
Der Weisheit und der Wissenschaft zu heben,
Ich hingeopfert Glück und Ruh' und Leben!

Vor meiner Seele glomm ein Dämmerschein
Geahnter Wahrheit, blass wie Nebelstreifen;
Doch frommte nicht Krystall, noch Todtenbein,
Noch Bücherwust, das Traumbild zu ergreifen.
In Herzensqualen, tief um Mitternacht,
Bannt' ich herauf den Geist der Erde,
Den Geist des ew'gen Stirb und Werde;
Doch in den Staub sank ich vor seiner Macht.

1

Geblendet von der unermessnen Fülle
Der Creaturen stürzt' ich hin;
Je mehr ich sucht', je dichter ward die Hülle,
Je mehr ich gab, je karger der Gewinn.
So ist dem Wandrer, dem der Wüstensand
Betrüglich spiegelt das ersehnte Land:
Die Kuppel strahlt, die Zinne silberhell,
Die Palme schwankt, ins Becken springt der Quell;
Er schaut und schaut, bis sich sein Blick umnachtet,
Bis einsam durstend er im Sand verschmachtet.

Da hab' ich mir, da hab' ich Gott geflucht
Und hab' den Bund der Finsterniss gesucht;
Im frevelhaften Taumel des Genusses
Hab' ich mein brennend Herz berauscht
Und schwelgend an dem Horn des Ueberflusses
Für Geistesqual mir Sinnenlust ertauscht.

O frage Keiner, welches Leid ich litt,
Wohin ich floh, trug ich die Sehnsucht mit!
Umsonst Gelag und Jagd und Spiel und Wein,
Treu wie mein Schatten folgte mir die Pein;
Umsonst der Schwanerzeugten Liebesarm,
Treu wie mein Schatten folgte mir der Harm.

Geendet hab' ich längst. Die Seele floss
Hinab zur Wiese voll Asphodelos,
Wo unbeseligt, aber schmerzenleer
Ich branden seh' des Erdenlebens Meer.
Dort sah ich ihn, der Ruh der Sonn' und Flucht
Der Erde gab, und ihn, der im Getriebe
Der Welten wie im Fall der reifen Frucht
Die allanziehende erkannt, die Liebe,

Und ihn, den Jud' und Christ verstiess, den Denker
Der Gott-Natur, und ihn, den Geisteslenker
Den Führer, der das Banner der Vernunft
Zum Sieg getragen ob der dunkeln Zunft.
Ich sah den Dichter, der mit Feuerzungen
Und Engelsstimmen mein Geschick besungen,
Der, wie einst ich gerungen, glühend rang
Und rein'ren Geist's den Höllengeist bezwang;
Propheten all' des ewig Einen Lichts,
Ziehn, sie dahin verklärten Angesichts.

Nun schau ich Dich! Von Allen, die ich sah,
Erhabner Greis, o fühl' ich Dir mich nah!
Was ich geahnt, Dir ward es klar;
Was ich geträumt, Dir ward es wahr;
Du hast gleich mir des Erdgeists Licht gesehen;
Ich brach zusammen, aber Du bliebst stehen,
Und fest im Sturm der wechselnden Erscheinung
Sahst das Gesetz Du, sahst Du die Vereinung.
O wärst Du, da des Lebens warmer Zug
Die Brust mir hob, da heiss der Puls noch schlug,
O wärst Du damals tröstend mir genaht,
Nicht in Verzweiflung führte mich mein Pfad
Dem Abgrund zu, nicht in das Garn des Bösen.
„Wie wirr sich auch der Knoten schlingt,
Der Räthselknoten ist zu lösen,
Der Riegel fällt, die Pforte springt.
Und wenn der Geist in engen Erdenschranken
Des eignen Ichs Geheimniss nimmer fasst,
Wälz' ab unmuthgen Grübelns Last,
Hinaus ins Leben richte die Gedanken!

1*

Da ringt die Creatur auf tausend Wegen
Vollkommnerem, Vollkommenstem entgegen,
Da ringe mit! Ob dunklem Ziele zu,
Ob sonder Ziel — ob ew'ge That, ob Ruh
Das Loos ist des Lebendigen — genug!
Die Welt hat Raum auch für den höchsten Flug!"

Hell aus des Orcus ödem Schattenthal
Schwingt sich mein Gruss hinauf zum Sonnenstrahl:
Heil Dir, erhabner Greis, auf neuer Bahn
Zu neuen Höh'n führst Du die Menschheit an;
Du darfst zum Augenblicke sagen:
Verweile doch, du bist so schön;
Es kann die Spur von Deinen Erdentagen
Nicht in Aeonen untergehn!

Arthur Fitger.

Die Naturanschauung

von

Darwin, Goethe und Lamarck.

Von
Ernst Haeckel.

Als vor fünf Monaten der Telegraph aus England
uns die Trauerbotschaft brachte, dass am 19. April Charles Darwin sein thatenreiches Leben beschlossen habe,
da durchbebte mit seltener Einhelligkeit die ganze wissenschaftliche Welt das Gefühl eines unersetzlichen Ver-
lustes. Nicht allein die zahllosen Anhänger und Schüler
des grossen Naturforschers betrauerten den Hingang des
leitenden Altmeisters; sondern auch seine angesehensten
Gegner mussten zugestehen, dass einer der bedeutendsten und einflussreichsten Geister des Jahrhunderts ge-
schieden sei. Ihren beredtesten Ausdruck fand diese allgemeine Theilnahme wohl dadurch, dass schon unmittelbar nach seinem Tode die englischen Tagesblätter aller
Parteien — seine conservativen Gegner an der Spitze —
die Beisetzung des Verewigten in der Walhalla Gross-

britanniens, in der nationalen Ruhmeshalle der West-
minster-Abtei verlangten, und dass er in der That hier
neben dem ebenbürtigen Newton seine letzte Ruhestätte
fand [1]).

Nun hat aber in keinem Lande der Welt — England nicht ausgenommen — die reformatorische Lehre
Darwin's vom Anfang an so viel lebendige Theilnahme
gefunden, eine solche Sturmfluth von Schriften und Ge-
genschriften hervorgerufen, als bei uns in Deutschland.
Wir erfüllen daher nur eine Ehrenpflicht, wenn wir auf
der diesjährigen Versammlung deutscher Naturforscher
und Aerzte des gewaltigen Genius dankbarst gedenken,
und die erhabene Höhe der Naturanschauung, zu der er
uns hinaufgeführt hat, uns vergegenwärtigen. Und welche
Stätte der Erde könnte für dieses schuldige Dankopfer
geeigneter sein, als Eisenach mit seiner Wartburg,
dieser festen Burg freier Forschung und freien Denkens!
Wie an dieser heiligen Stätte vor 360 Jahren Martin
Luther durch seine Reform der Kirche an Haupt und
Gliedern eine neue Aera der Culturgeschichte herbei-
führte, so hat in unseren Tagen Charles Darwin durch
seine Reform der Entwicklungslehre das ganze Empfinden, Denken und Wollen der Menschheit in neue, höhere
Bahnen gelenkt. Freilich hatte Darwin persönlich, nach
Charakter und Wirksamkeit, mehr Verwandtschaft mit
dem sanften milden Melanchthon, als mit dem ener-
gischen begeisterten Luther; allein Umfang und Bedeutung des grossen Reformwerkes war in beiden Fällen ganz
ähnlich; und in beiden bezeichnet den Erfolg desselben
eine neue Epoche der menschlichen Geistesentwickelung.

Unerschütterlich fest steht zunächst der beispiellose
Erfolg, den Darwin mit seiner Reform der Wissenschaft
in dem kurzen Zeitraum von dreiundzwanzig Jahren er-
rungen hat. Denn niemals, so lange menschliche Wissenschaft besteht, hat eine neue Theorie so tief in das Getriebe des Erkenntniss-Werkes im Allgemeinen, wie in
die werthvollsten persönlichen Ueberzeugungen der einzelnen Forscher eingegriffen; niemals einen so heftigen
Widerstand hervorgerufen, und niemals diesen in so kurzer Zeit völlig überwunden. Wenn noch jetzt hie und
da ein gedankenloser Empiriker dieselbe bekämpft, so
geht die d e n k e n d e Naturforschung achselzuckend an
diesen Monologen vorüber. Wir halten es daher auch
ganz unter der Würde dieser hohen Versammlung, die
kläglichen und verächtlichen Angriffe zu widerlegen, welche noch vor wenigen Wochen der Präsident der sogenannten „Deutschen anthropologischen Gesellschaft" in
Frankfurt a/M. gegen D a r w i n zu schleudern für passend erachtet hat [1]).

 *[Die Betrachtung dieser erstaunlichen Umwälzung der
gesammten Naturanschauung und Weltauffassung wird ein
interessantes Capitel in der künftigen Geschichte der Entwickelungslehre werden. Als ich 1863, vier Jahre nach
der Veröffentlichung von Darwin's bahnbrechendem Hauptwerke, dasselbe zum ersten Male auf der Naturforscher-
versammlung zu Stettin öffentlich zur Sprache brachte,
war die grosse Mehrzahl der Ansicht, man dürfe solche
„naturphilosophische Phantasien" eigentlich nicht ernst-
haft discutiren [2]). Ein angesehener Zoologe erklärte die
ganze Theorie für den „harmlosen Traum eines Nach-

mittagsschläfchens", während ein Anderer sie mit dem
Tischrücken und dem Od verglich. Ein berühmter Bo-
taniker versicherte, dass keine einzige Thatsache zu Gunsten dieser „haltlosen Hypothese" spreche; dass sie vielmehr mit allen Erfahrungen in Widerspruch stehe; und
ein namhafter Geologe meinte, dass auf diesen vorüber-
gehenden Schwindel bald die unausbleibliche Ernüchte-
rung folgen werde. Ein bekannter Physiologe nannte
später die ganze Stammesgeschichte einen Roman, und
ein Anatom prophezeite, dass nach wenigen Jahren kein
Mensch mehr davon sprechen werde. In dickleibigen
Werken und in zahllosen Abhandlungen wurde der Nach-
weis geführt, dass Darwin's Theorie von Anfang bis zu
Ende falsch sei, unbewiesen durch Thatsachen, trügerisch
in ihren Schlüssen, verderblich in ihren Folgerungen. Ja
selbst noch vor fünf Jahren, als ich auf der Naturfor-
scherversammlung zu München (1877) „die heutige Entwickelungslehre im Verhältnisse zur Gesammtwissenschaft" beleuchtete, stiess ich auf den entschiedensten
Widerspruch eines unserer berühmtesten Naturforscher;
und dieser gipfelte in der Forderung, den Darwinismus
als „unbewiesene Hypothese" vom Unterricht auszuschlies-
sen. Ich war genöthigt, das Recht des letzteren in meiner
Schrift über „Freie Wissenschaft und freie Lehre" nach-
drücklich in Schutz zu nehmen [4]).

Und was ist heute von all' diesen Verdammungs-
Urtheilen unserer zahlreichen Gegner übrig geblieben?
Nichts! Gerade die Zahl und Wucht ihrer vielseitigen
Angriffe hat uns zum entschiedensten Siege geführt. Denn
je mehr die unerschütterliche Feste der neuen Naturan-

schauung von allen Seiten angegriffen und mit den verschiedensten Waffen bekämpft wurde, desto mehr liessen ihre unerschrockenen Vertheidiger es sich angelegen sein, die einzelnen Lücken ihrer geschlossenen Ringmauer auszufüllen. Alles Sturmlaufen der veralteten Dogmen scheiterte an dem undurchdringlichen Eisenpanzer der vereinigten Erfahrungswissenschaften. Der geniale Feldherr aber, der für letztere das lange gesuchte Einigungsband gefunden hatte, und der mit den Einheitsgedanken des Monismus die Vertheidigung leitete, er konnte vor drei Jahren, bei der Feier seines siebenzigsten Geburtstages, mit voller Genugthuung auf den vollendeten Sieg seiner Heerscharen blicken und durfte sich mit Goethe sagen:

„Es wird die Spur von meinen Erdentagen
Nicht in Aeonen untergehn!"]*

Dass es sich in der That so verhält, dass Darwin noch am späten Abend seines Lebens sich des vollkommenen Sieges seiner guten Sache erfreuen konnte, davon legt der ganze gegenwärtige Zustand der Naturwissenschaften unwiderlegliches Zeugniss ab. Es genügt dafür, einen Blick in die zahlreichen Zeitschriften und die wichtigsten Werke derjenigen Fächer zu werfen, die zunächst und am meisten von Darwin's Lehre berührt werden: Zoologie und Botanik, Morphologie und Physiologie, Ontogenie und Paläontologie. Da erscheint fast keine bedeutendere Arbeit mehr, die nicht von der Idee der natürlichen Entwickelung durchdrungen ist. Fast alle Untersuchungen — mit verschwindend wenigen und unbedeutenden Ausnahmen — gehen von diesem Grundgedanken Darwin's aus; fast alle nehmen mit ihm an,

dass die Formverwandtschaft der verschiedenen Thier-
und Pflanzenarten auf ihrer wahren Blutsverwandtschaft
beruht, und dass gemeinsame Abstammung einerseits,
allmälige Umbildung andrerseits uns die verwickelten Beziehungen der Organismenwelt erklärt.

Aber auch der eigentliche Darwinismus im enge-
ren Sinne, die Selectionstheorie, hat trotz allen Angriffen
ihre Geltung behalten; denn sie deckt uns erst die physiologischen Ursachen auf, durch welche der Kampf um's
Dasein jene Umbildung oder Transformation mechanisch
bewirkt. Wenn auch keineswegs die natürliche Züchtung
die einzige Triebkraft im Transformismus ist, so bleibt
sie doch bis jetzt der wichtigste Hebel desselben. Indem Darwin sie an der Hand der künstlichen Züchtung
entdeckte, löste er eines der grössten biologischen Räthsel.
Denn die Lehre von der „natürlichen Zuchtwahl durch
den Kampf um's Dasein" ist nichts Geringeres, als die
endgültige Beantwortung des grossen Problems: „Wie
können zweckmässig eingerichtete Formen der Organisation ohne Hilfe einer zweckmässig wirkenden Ursache
entstehen? Wie kann ein planvolles Gebäude sich selbst
aufbauen ohne Bauplan und ohne Baumeister?" Eine
Frage, welche selbst unser grösster kritischer Philosoph,
Kant, noch vor hundert Jahren für unlösbar erklärt
hatte [5]).

Auf keinem Gebiete der Naturwissenschaft treten
aber die grossartigen Erfolge Darwin's klarer zu Tage, als
auf demjenigen, in dem unsere eigenen Untersuchungen
sich bewegen, auf dem weiten Gebiete der Morphologie,
der vergleichenden Anatomie und Entwickelungsgeschichte.

Denn in der Morphologie, die auch Goethe's besonderer Liebling war, hängt geradezu alle tiefere Erkenntniss von der Anerkennung der Abstammungslehre ab; und gerade hier sind mit ihrer Hilfe in kürzester Zeit die glänzendsten Resultate erzielt. Die Stammbäume der einzelnen Formengruppen, die anfangs kaum als heuristische Hypothesen sich an's Licht wagen durften, sind jetzt für viele Organismengruppen schon vollständig anerkannt⁶). Um nur einige Beispiele anzuführen, so zweifelt kein einziger urtheilsfähiger Zoologe mehr an der Abstammung der Pferde von tapirartigen Paläotherien, der Wiederkäuer von schweineartigen Anoplotherien, der Vögel von eidechsenartigen Reptilien. Kein einziger bezweifelt mehr, dass alle höheren, luftathmenden Wirbelthiere aus niederen kiemenathmenden Fischen entstanden sind. Aber selbst die wichtigste und bestrittenste von allen Descendenz-Hypothesen, die Abstammung des Menschen von affenartigen Säugethieren, hat in den letzten Jahren auf Grund gereifter Erkenntniss so sehr die allgemeine Anerkennung der competenten Fachgenossen gewonnen, dass sie von der grossen Mehrzahl für ebenso wohl begründet gehalten wird, wie die vorher angeführten phylogenetischen Hypothesen⁷).

Angesichts dieser erfreulichen Uebereinstimmung dürfen wir jetzt ruhig den fortdauernden Widerspruch ignoriren, den hie und da noch einzelne Gegner des Transformismus laut werden lassen. Die Hauptsache bleibt, dass die ganze jüngere Generation im Sinne Darwin's arbeitet, und dass seine Lehre weit über die eigentlichen Fachkreise hinaus sich als ein Ferment bewährt hat, wel-

ches die grössten Probleme der menschlichen Erkenntniss ihrer Lösung näher führt.

Wenn wir demnach heute hier den vollständigen Sieg
der Darwin'schen Entwickelungslehre feiern dürfen, so
erachten wir damit zugleich eine unerquickliche Periode
der heftigsten literarischen Kämpfe für abgeschlossen;
und wir dürfen wohl diesem frohen Siegesgefühl um so
mehr ungeschmälerten Ausdruck geben, als wir selbst
bei jenen harten Kämpfen persönlich vielfach betheiligt
waren. Da aber nach Heraklit der Kampf der Vater
aller Dinge ist, so konnte der Kampf um's Dasein auch
der Theorie nicht erspart bleiben, die selbst diesen Begriff begründet und zum werthvollsten Rüstzeug ihrer
Beweisführung erhoben hat. Um so willkommener be-
grüssen wir jetzt die neue Periode des Friedens, die
jenem Siege folgt und der ruhigen Entwickelung, die
uns die schönsten Früchte auf den neuen Bahnen der
Forschung verspricht. Der Versammlung deutscher Naturforscher und Aerzte aber, die schon wiederholt Zeuge von
dem lauten Waffengeklirr jener Kämpfe gewesen, ziemt
es wohl, nach deren glücklichem Abschlusse den Frie-
den zu sanctioniren und die Entwickelungslehre als den
bleibenden Grundstein der wissenschaftlichen Forschung
feierlich anzuerkennen.

Werfen wir nun einen Blick auf die Ursachen, welche
trotz des heftigsten Widerstandes in so kurzer Zeit eine
so ausserordentliche Wirkung der Darwin'schen Lehren
hervorbrachten, so haben wir sie keineswegs allein in der
überzeugenden Kraft ihrer inneren Wahrheit zu suchen,
sondern auch in der seltenen Gunst der äusseren Ver-

hältnisse, unter denen sie in das wissenschaftliche Leben
eintraten; und nicht zum Wenigsten in den seltenen Cha-
raktereigenschaften des Mannes, der eine solche Riesen-
Aufgabe löste. Denn Charles Darwin vereinigte in sich
einen Reichthum verschiedener Geistesgaben, die gewöhn-
lich nur getrennt auftreten, und war einerseits ein eben
so kenntnissreicher und scharfsinniger Naturforscher, als
anderseits ein weitblickender und umfassender Philosoph.
Wie sehr er diese beiden oft sich feindlich gegenüber-
stehenden Seiten der menschlichen Geistesthätigkeit harmonisch verband, geht wohl am besten daraus hervor,
dass viele kurzsichtige Empiriker in ihm nur den ge-
wissenhaften Beobachter und sinnreichen Experimentator
anerkennen, hingegen seine Theorie als eine speculative
Verirrung bedauern; während umgekehrt manche hoch-
fliegende Denker auf jene empirischen Leistungen mit
grosser Geringschätzung herabsehen, hingegen die Schärfe
seines Urtheils und die Klarheit seines folgerichtigen Ge-
dankenganges bewundern. Er erinnert in dieser Beziehung
an zwei unserer grössten deutschen Naturforscher, an Johannes Müller und an Carl Ernst Baer. Wenn der Letztere seine klassische „Entwickelungsgeschichte der Thiere"
auf dem Titelblatte selbst als „Beobachtung und
Reflexion" bezeichnete, so konnte Darwin das von allen
seinen Werken sagen.

Zu dieser seltenen Beobachtungs- und Urtheilskraft
gesellten sich nun aber andere edle Eigenschaften des
Charakters, welche den Werth und Ertrag derselben aus-
serordentlich erhöhten: Unermüdliche Ausdauer in der
Verfolgung der gesteckten Ziele, peinlichste Gewissen-

haftigkeit in der Zusammenstellung der gesicherten Er-
gebnisse, reinstes Streben nach natürlicher Wahrheit und
einfache Offenheit in Mittheilung der Endresultate. Nicht
minder rühmlich war die ausserordentliche Bescheidenheit, mit der er seine Ansichten vortrug, und die milde
Sanftmuth, mit der er auf die scharfen sachlichen Angriffe seiner Gegner antwortete, während er die persönlichen Beschimpfungen einfach ignorirte.

Wahrhaft bewunderungswürdig ist die Geduld und
Vorsicht, mit welcher Darwin seine wichtigste Lebensaufgabe, die Erklärung des Ursprungs der Thier- und
Pflanzenarten durch natürliche Züchtung, erfasste und
durchführte. Den ersten Grund dazu legte er schon in
seinem dreiundzwanzigsten Lebensjahre, als er 1832 in
Südamerika geographische und paläontologische Beobachtungen über die Thierarten dieses Continentes anstellte.
Die reichen Erfahrungen, welche er auf dieser fünfjähri-
gen, für ihn so bedeutungsvollen Reise um die Welt
sammelte, gelangten aber erst viel später zur vollen Ver-
werthung. Denn der nachtheilige Einfluss, den die starken Strapazen jener Reise auf seine Gesundheit gehabt
hatten, nöthigte ihn, sich aus dem unruhigen Treiben
von London völlig zurückzuziehen und seinen persönlichen Verkehr möglichst einzuschränken. 1842, im drei-
unddreissigsten Jahre seines Alters, bezog er seinen idyl-
lischen Landsitz, das stille Down, anmuthig zwischen
den grünen Wiesen und bewaldeten Hügeln der heiteren
Grafschaft Kent gelegen [8]).

In der harmonischen Einsamkeit dieses grünen Mu-
sensitzes verlebte Darwin volle vierzig Jahre, einzig und

allein dem ausdauerndsten Studium der Natur hingegeben,
und der Lösung des grossen Problems, das sich ihm offenbart hatte. Indem er die praktische Thätigkeit des Gärt-
ners und des Thierzüchters selbst viele Jahre lang ausübte, konnte er unter seinen Augen die Körperformen der
Thiere und Pflanzen sich verwandeln sehen; und indem
er die physiologischen Ursachen dieser Verwandlungen,
die Gesetze der Vererbung und Anpassung unter-
suchte, erkannte er klar, dass auch in der freien Natur
dieselben mechanischen Ursachen den Arten-Wechsel be-
dingen. Er überzeugte sich, dass die künstliche und die
natürliche Züchtung im Wesentlichen auf denselben Vorgängen der Auslese oder Selektion beruhen; was dort der
planmässig wirkende Wille des Menschen für seinen eigenen Vortheil in kurzer Zeit hervorbringt, das erzeugt
hier in viel längeren Zeiträumen der planlos thätige
„Kampf um's Dasein", zum Besten der umgebildeten Organismen selbst.

*[Obgleich nun Darwin diesen Grundgedanken seiner
Selektionstheorie schon frühzeitig erfasst und viele
Jahre hindurch das reichste Beobachtungsmaterial für dessen Beweis gesammelt hatte, konnte er sich doch lange
nicht zu einer Veröffentlichung seiner Theorie entschlies-
sen; immer noch erschien sie ihm zu lückenhaft, die
Masse der beweisenden Thatsachen zu gering, die Kette
der Schlussfolgerungen zu unvollständig; immer noch
wollte er neues Beweismaterial herbeischaffen, immer mehr
von allen Seiten her die Fragen beleuchten und womög-
lich im Voraus die Einwände gegen seine Schlüsse widerlegen. Er wäre schliesslich vielleicht nie dazu gekommen,

die Schätze seiner Erkenntniss der Welt mitzutheilen, wenn schliesslich nicht ein äusserer Anstoss ihn dazu gedrängt hätte. Und so erschien denn erst 1859, nachdem er sein fünfzigstes Lebensjahr vollendet, das epochemachende Hauptwerk über den „Ursprung der Arten", zu welchem alle seine übrigen Schriften nur Ausführungen und Kommentare liefern. Das geschah gerade ein volles Jahrhundert, nachdem Caspar Friedrich Wolff in Deutschland die wahre Entwickelung des Thierkeimes entdeckt, und gerade ein halbes Jahrhundert, nachdem Lamarck in Frankreich die von Darwin bewiesenen Lehrsätze prophetisch aufgestellt hatte.

Die ausserordentliche Bescheidenheit und Anspruchslosigkeit, welche Darwin dergestalt in der Veröffentlichung seiner wichtigsten Schriften bewies, offenbarte sich auch allenthalben in seiner ausgebreiteten Korrespondenz, und nicht minder im persönlichen Verkehr. Jeder, der das Glück hatte, ihn persönlich kennen zu lernen, musste von ihm mit dem Gefühle der aufrichtigsten Verehrung und der grössten Hochschätzung scheiden. Wenn es mir hier gestattet ist, ein paar Worte über meine persönliche Begegnung mit Darwin einzuflechten, so möchte ich diese Erlaubniss vor Allem zum Ausdruck der hohen Bewunderung benutzen, mit der mich mein dreimaliger Besuch in Down für Darwin als idealen Menschen erfüllt hat. Das erste Mal war ich dort im October 1866, als ich eine Reise nach den canarischen Inseln unternahm. Ich hatte soeben die „Generelle Morphologie" vollendet, eine Schrift, in der ich den Versuch gewagt hatte, die Wissenschaft von den organischen Formen durch die von Darwin re-

formirte Descendenztheorie mechanisch zu begründen.
Darwin kannte diesen Versuch durch übersandte Druck-
bogen und nahm daran um so mehr Interesse, als gerade
diese morphologischen Untersuchungen seinen eigenen, vorzugsweise experimentellen Studien ziemlich fern lagen.
So folgte ich denn mit grosser Freude einer Einladung
nach Down, die ich während meines kurzen Aufenthaltes
in London erhielt.

In Darwin's eigenem Wagen, den er mir vorsorglich
nach der Eisenbahnstation gesendet hatte, fuhr ich an
einem sonnigen Octobermorgen durch die anmuthige Hü-
gellandschaft von Kent, die mit ihren bunten Laubwäl-
dern, dem rothen Haidekraut, dem gelben Ginster und den
immergrünen Steineichen im schönsten Herbstschmucke
prangte. Als der Wagen vor dem freundlichen, mit Epheu
umsponnenen und von Ulmen beschatteten Landhause Darwin's hielt, trat mir aus der schattigen, von Schlingpflan-
zen umrankten Vorhalle der grosse Forscher selbst entgegen: eine hohe ehrwürdige Gestalt, mit den breiten
Schultern des Atlas, der eine Welt von Gedanken trägt;
eine Jupiterstirn, wie bei Goethe, hoch und breit gewölbt,
vom Pfluge der Gedankenarbeit tief durchfurcht; die
freundlichen sanften Augen von einem mächtigen Dache
vorspringender Brauen beschattet; der weiche Mund von
einem gewaltigen silberweissen Vollbart umrahmt. Der
einnehmende herzliche Ausdruck des ganzen Gesichts, die
leise und sanfte Stimme, die langsame und bedächtige
Aussprache, der natürliche und naive Ideengang seiner
Unterhaltung nahmen in der ersten Stunde unseres Zwie-
gesprächs mein ganzes Herz gefangen, wie sein grosses

2

Hauptwerk früher gleich beim ersten Lesen meinen ganzen Verstand im Sturm erobert hatte. Ich glaubte einen hehren Weltweisen des hellenischen Alterthums, einen Sokrates oder Aristoteles lebendig vor mir zu sehen.

Unser Gespräch drehte sich natürlich in erster Linie um, den Gegenstand, der uns Beiden am meisten am Herzen lag, um die Fortschritte und Aussichten der Entwickelungslehre. Diese Aussichten standen damals, vor sechzehn Jahren, schlecht genug; denn die angesehensten Autoritäten hatten sich meistens gegen die neue Lehre erklärt. Mit rührender Bescheidenheit äusserte Darwin, dass seine ganze Arbeit nur ein schwacher Versuch sei, die Entstehung der Thier- und Pflanzenarten auf natürliche Weise zu erklären, und dass er einen namhaften Erfolg dieses Versuchs nicht erleben werde; denn der Berg von entgegenstehenden Vorurtheilen sei zu hoch. Ich selbst, meinte er, habe sein geringes Verdienst allzusehr überschätzt, und das hohe Lob, welches ich in der „Generellen Morphologie" ihm gespendet, sei gar sehr übertrieben. Weiterhin lenkte sich unser Gespräch auf die zahlreichen und heftigen Angriffe gegen sein Werk, die damals noch ganz die Oberhand hatten. Bei vielen dieser armseligen Machwerke wusste man in der That nicht, ob man mehr den Mangel an Verstand und Urtheil bejammern sollte, der sich darin entblösste, oder mehr Entrüstüng über den Hochmuth und die Anmassung empfinden, mit der jene miserablen Scribenten Darwin's Ideen verhöhnten und seinen Charakter besudelten. Ich hatte dem gerechten Zorne über diese verächtliche Sippschaft schon damals, wie auch wiederholt später, ent-

sprechenden Ausdruck verliehen. Darwin lächelte darüber
und suchte mich zu beruhigen mit den Worten: „Mein
lieber junger Freund, glauben Sie mir, mit solchen armen
Leuten muss man Mitleid und Nachsicht haben; den
Strom der Wahrheit können sie nur vorübergehend auf-
halten, aber niemals dauernd hemmen."

Bei meinen späteren beiden Besuchen in Down, 1876
und 1879, hatte ich das Vergnügen, Darwin von den gewaltigen Fortschritten erzählen zu können, welche seine
Lehre inzwischen in Deutschland gemacht hatte. Der
entscheidende Durchbruch derselben geschah hier bei uns
rascher und vollständiger als in England selbst, haupt-
sächlich weil die Macht der socialen und religiösen Vorurtheile bei uns lange nicht so bedeutend ist, wie bei
unseren besser situirten Stammverwandten jenseits des
Canals. Darwin wusste das wohl, wie er überhaupt, trotz
seiner mangelhaften, oft von ihm beklagten Kenntniss unserer Sprache und Literatur, doch vor den Geistesschätzen
unserer Nation die grösste Hochachtung besass.

Da Darwin in dem grundlegenden, 1859 erschienenen
Hauptwerke Nichts von den anthropologischen Consequen-
zen desselben gesagt hatte und bis zum Jahre 1871 darüber mit weiser Zurückhaltung schwieg, so war es für
mich von höchstem Interesse, schon bei meinem ersten
Besuche, 1866, ausführlich mit ihm darüber zu sprechen.
Wie vorauszusehen, zögerte der grosse Denker nicht im
Mindesten, die Ausdehnung seiner Abstammungslehre auf
den Menschen als nothwendig anzuerkennen. Es war daher für mich die grösste Genugthuung, als ich ihm die
ersten, damals entworfenen Stammbaum-Tafeln erläutern

2 *

durfte und in allen wesentlichen Punkten seine Zustimmung erhielt. Obgleich das specielle Studium der vergleichenden Anatomie und Ontogenie, auf das ich meine
phylogenetischen Entwürfe stützte, Darwin fernlag, so erkannte er doch deren Bedeutung vollständig an. So hat
er denn auch in dem berühmten zweibändigen Werke
über „die Abstammung des Menschen und die geschlecht-
liche Zuchtwahl" 1871 sich in allen Hauptpunkten mit
mir einverstanden erklärt und die stammesgeschichtliche
Bedeutung der zahlreichen thierischen Erbstücke, die wir
in unserem menschlichen Wirbelthier-Organismus besitzen,
ausdrücklich hervorgehoben.]*

Wenn man die ungeheure Masse von Thatsachen
überblickt, welche Darwin in diesem und anderen Werken
mit ebenso viel Vorsicht als Kühnheit zur Stütze seiner
Ideen verknüpft hat; wenn man die zahllosen Beobachtungen und Versuche anschaut, die er selbst zu deren
Begründung angestellt hat, so erstaunt man über die
Kraft des Riesengeistes, der eine solche Fülle von Wis-
sen und Können, von empirischen Kenntnissen und philo-
sophischen Erkenntnissen in den winzigen Spielraum eines
einzigen Menschenlebens zusammengedrängt hat. Unwill-
kürlich fragt man, welche seltene Constellation von glücklichen Verhältnissen eine solche ausserordentliche Leistung
und einen entsprechenden Erfolg überhaupt möglich gemacht habe?

Da ist denn allerdings zuzugestehen, dass bei Darwin
Verdienst und Glück sich gleichmässig verketteten, und
dass eine seltene Gunst des Schicksals ihm die volle
Durchführung seiner grossen Lebensaufgabe ermöglichte.

Frei von den Sorgen und Plagen des alltäglichen Lebens,
im sicheren Genusse einer behaglichen Häuslichkeit und
eines glücklichen Familienlebens, ungestört durch Berufs-
geschäfte und Amtspflichten, konnte er sich ein halbes
Jahrhundert hindurch ganz seinen Lieblingsstudien hin-
geben. Wenn ihn die Isolirung auf seinem stillen Land-
sitze von dem lauten Marktgetreibe der Wissenschaft ab-
schloss, das in grossen Städten die besten Kräfte verzehrt, so gewann er dadurch andrerseits um so mehr für
die innere Sammlung und Harmonie seiner reichen Ge-
dankenwelt. Nichts ist nach unserer Ansicht der tieferen
und ernsteren wissenschaftlichen Arbeit so schädlich, wie
das Schulgezänk unserer grossen Universitäten und das
Parteitreiben der wissenschaftlichen Akademien. Von diesem ebenso wie von allen Ehrenämtern und sonstigen
störenden Einflüssen des äusseren Lebens hat sich Darwin
zeitlebens fern gehalten, und er that weise daran!

Wenn so der grosse Forscher seinen beispiellosen Erfolg in erster Linie sich selbst und seinen edlen Gaben
verdankt, so ist andrerseits doch auch zu berücksichtigen,
dass ihm die Gunst der wissenschaftlichen Zeitverhältnisse
in hohem Masse fördernd entgegen kam. Seit dem Schei-
tern der älteren Naturphilosophie im Anfang unseres Jahrhunderts, seitdem Goethe und Kant in Deutschland, Lamarck und Geoffroy in Frankreich vergeblich auf die natürliche Entwickelung der organischen Welt hingewiesen
hatten, gelangte allenthalben eine streng empirische Richtung in der Biologie zur Geltung. Diese suchte ihre Aufgabe in der genauesten Erforschung aller einzelnen Formen und Erscheinungen des Thier- und Pflanzenlebens,

während sie auf die einheitliche Erklärung des Ganzen und insbesondere auf die Beantwortung des Schöpfungsproblems verzichtete. Die Begründung der Keimesgeschichte durch Baer, der vergleichenden Anatomie und Paläontologie durch Cuvier, die Reform der Physiologie durch Johannes Müller, die Aufstellung der Zellentheorie und Gewebelehre durch Schleiden und Schwann hatten grossartige neue Schachte der Naturforschung geöffnet, aus deren Tiefen das Gold der Thatsachen in überraschender Fülle durch zahlreiche wissensdurstige Arbeiter zu Tage gefördert wurde. In dem kurzen Zeitraum eines halben Jahrhunderts entstand eine ganze Reihe von neuen Wissenschaften.

Je mehr sich aber von Jahr zu Jahr die Zahl der neuen Entdeckungen häufte, je gewaltiger die Literatur anschwoll, desto verworrener wurde das Chaos der allgemeinen Naturanschauung und desto mehr machte sich bei denkenden Forschern das Bedürfniss geltend, über die erstickende Fülle der Einzelerfahrungen hinaus zu einheitlichen allgemeinen Gesichtspunkten und zur Erkenntniss der wahren Ursachen zu gelangen. Diesem Bedürfniss nun kam die neue Entwickelungslehre willkommen entgegen. Zwar hatte schon 1809, im Geburtsjahre Darwin's, Lamarck ganz klar gezeigt, dass die Aehnlichkeit der organisirten Formen durch ihre gemeinsame Abstammung, ihre Verschiedenheit hingegen durch ihre Anpassung an die Existenzbedingungen zu erklären sei. Allein es fehlte ihm noch die Erkenntniss der bewirkenden Ursachen, welche Darwin erst fünfzig Jahre später in seiner Selectionstheorie enthüllte.

Es widerspricht daher vollkommen den historischen Thatsachen und zeugt von gründlicher Unbekanntschaft mit der Geschichte der Biologie, wenn noch jetzt einzelne Gegner des Darwinismus ihn für eine vage Hypothese erklären, für welche erst noch die B e w e i s e zu suchen seien. In Wirklichkeit verhält es sich gerade umgekehrt. Die thatsächlichen Beweise für die gemeinsame Abstammung der mannigfaltigen Lebensformen waren längst vorhanden, ehe dieselbe durch Darwin zu einer klaren wissenschaftlichen Theorie formulirt wurde. Sogar zahlreiche physiologische E x p e r i m e n t e waren schon lange vorher zu ihren Gunsten ausgeführt. Denn die gesammten Resultate unserer Gartenkunst und Thierzucht, die Masse von neuen Lebensformen, welche der Culturmensch künstlich für seinen Nutzen und Gebrauch hervorgebracht, sind ebenso viele experimentelle Beweise für die Selectionstheorie. Und was den „Kampf um's Dasein" betrifft, das wesentlichste Element des Darwinismus, so braucht man dafür doch wahrlich keine besonderen Beweise; denn die ganze Geschichte der Menschheit ist nichts Anderes!

Unsere ganze Wissenschaft von der lebendigen Natur, die wir mit einem Worte B i o l o g i e nennen, war demnach für die Aufnahme der befruchtenden Ideen Darwin's vollkommen vorbereitet, und hieraus erklärt sich zum grossen Theil ihre ausserordentliche Wirkung, während die ähnlichen Theorien seiner Vorgänger verfrüht waren und wirkungslos verhallten. Die hohen Verdienste dieser Vorgänger hat Darwin selbst mit seinem edlen Gerechtigkeits-Sinne jederzeit anerkannt. Es geschieht daher durchaus nicht im Sinne des grossen Forschers, wenn gegenwärtig einige übereifrige Jünger desselben (besonders in England) bestrebt sind, ihn als alleinigen Begründer der ganzen Entwickelungslehre zu feiern, als ob diese mit einem Male fertig aus seinem Denkerhaupte entsprungen sei, wie eine gewappnete Minerva aus der Stirn des Jupiter. Wir glauben im Gegentheil ganz im Sinne unseres verewigten Meisters und Freundes zu handeln, wenn wir hier auch seiner grossen Vorgänger ehrend gedenken. Der Glanz seines Namens kann nur gewinnen, wenn wir sehen, dass er in den wichtigsten Grundsätzen seiner Naturanschauung Eins war mit einer auserwählten Anzahl der grössten Geister, welche die Culturgeschichte der Menschheit kennt.

*[Nicht weniger als fünfundzwanzig Jahrhunderte, bis in die graue Vorzeit des classischen Alterthums, haben wir zurückzugehen, um die ersten Keime einer Naturphilosophie zu finden, welche mit klarem Bewusstsein Darwin's Ziel verfolgte: natürliche Ursachen für die Erscheinungen der Natur nachzuweisen und dadurch den Glauben an übernatürliche Causalität, den Glauben an Wunder zu verdrängen. Die Gründer der griechischen Naturphilosophie im siebenten und sechsten Jahrhundert vor Christus waren es, die zuerst diesen wahren Grundstein der Erkenntniss legten und einen natürlichen gemeinsamen Urgrund aller Dinge zu erkennen suchten. Dieses bewuste Streben nach absoluter Causalität, nach einheitlicher Erkenntniss einer gemeinsamen Welturache erscheint um so bewunderungswürdiger, als von eigent-

licher empirischer Naturforschung damals noch keine Rede war[9]).

Vielleicht der bedeutendste unter diesen ionischen Naturphilosophen war Anaximander. Er nimmt an, dass aus dem unendlichen Stoff durch ewige Kreisbewegung, als Verdichtung der Luft, zahllose Weltkörper entstanden seien, und dass auch die Erde, als einer dieser Weltkörper, aus einem ursprünglich flüssigen und später luftförmigen Zustande hervorgegangen sei. Er anticipirte also den heute noch gültigen Grundgedanken über natürliche Weltentwickelung, welchen erst 2400 Jahre später, 1755, unser grösster deutscher Philosoph, Immanuel Kant, in seiner „allgemeinen Naturgeschichte und Theorie des Himmels" zur allgemeinen Geltung brachte. Wie Anaximander hier im kosmologischen Gebiete als Vorläufer von Kant und Laplace erscheint, so tritt er gleichzeitig auch im biologischen Gebiete als Prophet von Lamarck und Darwin auf. Denn die ältesten lebenden Wesen unseres Erdballs sind nach ihm durch die Wirkung der Sonne im Wasser entstanden; aus diesen haben sich erst später die landbewohnenden Pflanzen und Thiere entwickelt, die das Wasser verliessen und sich dem Leben auf dem trocknen Lande anpassten; auch der Mensch selbst hat sich allmälig erst aus thierischen Organismen entwickelt und zwar aus fischartigen Wasserthieren.

Finden wir hier schon einige der wichtigsten Grundgedanken unserer heutigen Entwickelungslehre überraschend klar ausgesprochen, so tritt uns diese als Ganzes noch deutlicher ein Jahrhundert später bei Heraklit aus Ephesus entgegen. Er stellte zuerst den Satz auf, dass ein grosser, ununterbrochener Entwickelungsprocess das ganze Weltall beherrsche; dass alle Formen in ewigem Flusse begriffen und „der Kampf der Vater aller Dinge" sei. Da nirgends in der Welt absolute Ruhe sich findet, da aller Stillstand nur scheinbar ist, so muss ein ewiger Wechsel des Stoffes, eine beständige Veränderung der Form überall angenommen werden. Das ist aber nur dadurch möglich, dass eine Form die andere verdrängt und das Neue gewaltsam an die Stelle des Alten tritt: der allgemeine „Kampf um's Dasein".

War hier bereits von Heraklit die ewige Bewegung im Kampfe aller Dinge als das treibende Grundprincip der Welt aufgestellt, so fand diese Naturanschauung eine weit tiefere Begründung wenig später bei Empedokles von Agrigant in Sicilien. Auch er nimmt einen ununterbrochenen Wechsel der Erscheinungen an, findet aber die allgemeine Grundursache des ewigen allgemeinen Kampfes in den beiden widerstreitenden Principien des Hasses und der Liebe; — oder, wie unsere heutige Physik sagt, der Anziehung und Abstossung der Theile. Wie durch Liebe die Mischung der Körper, so wird durch Hass deren Trennung bewirkt. Wenn wir heute Anziehung und Abstossung der Atome als letzte Gründe aller Erscheinungen betrachten, so finden wir diese Grundvorstellung unserer heutigen Atomistik hier schon anticipirt. Noch merkwürdiger aber ist es, dass Empedokles auch die zweckmässige Form der Organismen durch zufälliges Zusammentreffen der widerstreitenden Kräfte, also zwecklos entstehen lässt. Aus diesem grossen Kampfe sind die jetzt existirenden Lebensformen des-

halb siegreich hervorgegangen, weil sie für denselben am
zweckmässigsten eingerichtet und demnach am lebens-
fähigsten waren. Hier ist nicht allein der Grundgedanke
von Darwins Selectionstheorie vorweggenommen, sondern
auch die Lösung des grossen Räthsels angedeutet, dessen
Beantwortung wir dem Letzteren zum höchsten philoso-
phischen Verdienste anrechnen; des Räthsels: „Wie können die zweckmässig eingerichteten Formen der Organismen rein mechanisch, ohne Mitwirkung einer zweck-
thätigen Endursache entstehen?"

Unter allen grossen Philosophen des classischen Alterthums sind es wohl die drei genannten, Anaximander,
Heraklit und Empedokles, bei denen wir die wichtigsten
Elemente unserer heutigen monistischen Naturanschauung am klarsten ausgesprochen treffen. Ausserdem finden
wir jedoch auch bei anderen Zeitgenossen oft ähnliche
Entwickelungsgedanken wieder, so bei Thales, Anaxime-
nes, Demokritus, Aristoteles, Lucretius u. s. w. Doch
wurden diese verschiedenen Anläufe zu einer genetischen
Naturanschauung bald um so mehr in den Hintergrund
gedrängt, je mehr sich auf ihre Kosten eine ganz ent-
gegengesetzte Weltauffassung entwickelte, die von den
Sophisten ausgehende „Philosophie der Begriffe", welche
in Plato ihren Mittelpunkt fand.

Hatten jene naiven Empiriker der ionischen Philosophie die Gesammtheit der Welt aus natürlichen
Ursachen durch mechanische Processe zu erklären versucht, so setzte nunmehr die platonische Schule an deren
Stelle die übernatürlichen Ursachen in Gestalt te-
leologischer Ideen. So entwickelte sich eine Richtung

des Denkens und Forschens, welche vom objectiven Naturerkennen abgewendet, vielmehr das subjective Wesen des Menschen in den Vordergrund der Betrachtungen stellte, und welche während eines Zeitraumes von mehr als zwei Jahrtausenden in gesteigertem Masse ihren unheilvollen Einfluss ausübte. In völligem Widerspruch zu der Einheit der Natur, die durch den Causalzusammenhang ihrer Erscheinungen überall bewiesen wird, entwickelte sich mächtig der durch Plato erfundene Dualismus, ein schroffer Gegensatz zwischen Gott und Welt, zwischen Idee und Materie, zwischen Kraft und Stoff, zwischen Seele und Körper. Die zahllosen Formen der organischen Natur, die wir als Thier- und Pflanzenarten unterscheiden, erschienen nun nicht mehr als verschiedene Entwickelungsstufen gemeinsamer Stammformen, sondern als Verkörperungen von eben so vielen eingeborenen, ewigen und unveränderlichen „Ideen“, als constante Species, — oder, wie Agassiz, Darwin's grösster Gegner, sagte, als: „Verkörperte Schöpfungsgedanken Gottes“.

Dieser Platonismus fand seine stärkste Stütze in den entgegenkommenden Dogmen des Christenthums, welches Abwendung von der Natur predigte. Noch mehr begünstigte beide der zunehmende Verfall der Wissenschaften, welcher auf die tragische Zerstörung des edlen Hellenthums folgte. In der ganzen langen Geistesnacht des christlichen Mittelalters gab es keinen selbständigen Anlauf zu einer monistischen Naturanschauung auf Grund empirischer Forschung. Allerdings fehlte es nicht an derartigen Anläufen auf dem Gebiete der reinen Speculation. Insbesondere sind die pantheistischen Systeme von Giordano Bruno und von Benedictus Spinoza im sechzehnten und siebzehnten Jahrhundert bewunderungswürdige Versuche, zu einer einheitlichen und natürlichen Weltauffassung zu gelangen. Allein diese pantheistischen Kosmologien, welche in allen materiellen Dingen eine bewegende Weltseele in untrennbarer Einheit annehmen, waren doch vorzugsweise auf das Gebiet der Sittenlehre, der praktischen Philosophie berechnet und entbehrten allzusehr der erfahrungsmässigen Begründung durch die unmittelbare Naturbeobachtung; eine solche gab es eben damals noch nicht. Vielmehr war das ganze Sinnen und Trachten der meisten Denker jenes Zeitraumes von der Natur abgewandt und lediglich auf den Menschen gerichtet, den man als ausserhalb und über der Natur stehend ansah. Es vermochten daher auch jene monistischen Systeme zu keiner Geltung gegenüber dem allmächtigen Dualismus zu gelangen, der durch den Platonismus und das Christenthum zur allgemeinen Herrschaft gelangt war.

Erst viel später, erst um die Mitte des vorigen Jahrhunderts, trat endlich die naturgemässe Reaction gegen jene dualistische Weltauffassung ein. Man wandte sich endlich wieder dem wahren Urquell aller Erkenntniss, der Natur selbst zu; und vor Allem brach für die Kenntniss der lebendigen Naturkörper, für die man seit zwei Jahrtausenden fast allein aus den Schriften des Aristoteles geschöpft hatte, eine neue Aera selbständiger Beobachtung an. Die äussere Form und der innere Bau der Pflanzen und Thiere, ihre Lebenserscheinungen und ihre Entwickelung wurden jetzt zum ersten Male Gegen-

stand eifriger und ausgedehnter Untersuchungen zahl-
reicher Forscher. Die Fülle interessanter Thatsachen,
welche dieser Quell der natürlichen Offenbarung spen-
dete, musste aber naturgemäss auch die Frage nach den
bewirkenden Ursachen wieder anregen, und alsbald bricht
sich auch zu deren Beantwortung die Idee der natürlichen
Entwickelung wiederum Bahn.

Die sogenannte Schule der „älteren Naturphilosophie", gegen Ende des vorigen und im Beginn unseres Jahrhunderts tritt zunächst als Bannerträger dieser
Idee wieder auf, gleichzeitig in Deutschland und in Frankreich.. Aber auch unabhängig von dieser Schule sehen
wir von derselben Idee eine Anzahl der grössten Denker
und Dichter unserer classischen Literaturperiode bewegt;
vor Allem Göthe, Lessing [10]), Herder [11]), Kant [12]); später
Schelling, Oken und Treviranus; in Frankreich Lamarck,
Geoffroy St. Hilaire und Blainville; in England Erasmus
Darwin [13]), den Grossvater unseres Reformators, der nach
den Gesetzen der latenten Vererbung eine ganze Reihe
von charakteristischen Geisteszügen auf seinen Enkel
übertrug.]* Unsere Zeit gestattet es uns heute nicht, den
verschiedenen Ausdruck des Entwickelungsgedankens in
diesen hervorragenden Denkern vergleichend zu verfol-
gen; zudem ist Vieles darüber schon allbekannt. Nur
auf die Naturanschauung von zweien der hervorragend-
sten Geister wollen wir hier noch eingehen, auf Göthe
und Lamarck, weil sie nach unserer Ueberzeugung unter
allen Vorgängern Darwin's die bedeutendsten sind.

Die Bedeutung von Goethe als Naturforscher
ist in neuerer Zeit so oft und so eingehend von mehreren

unserer angesehensten Biologen hervorgehoben worden,
dass wir auch davon das Meiste als allbekannt voraus-
setzen dürfen. Wir wollen daher nur jenen Punkt derselben hier beleuchten, welcher für uns heute von be-
sonderem Interesse und zugleich sehr verschieden aufge-
fasst worden ist; die Frage, in wieweit die allgemeine
Naturanschauung unseres grössten Dichters mit derjenigen Darwin's zusammenfällt? Ich hatte schon 1866
in meiner „Generellen Morphologie" Goethe und Lamarck
geradezu neben Darwin als Begründer der Descendenz-
theorie bezeichnet und zum Beweise dafür eine grosse
Anzahl besonders merkwürdiger Stellen aus ihren Schriften zusammengestellt. Die Zahl derselben ist später
noch von Anderen vermehrt worden[14]). Uebrigens kommt
es bei einem universellen Genius, wie Goethe, viel weniger auf die Zahl und Form der einzelnen Stellen an,
in denen er seine Ansicht von der „Bildung und Umbildung organischer Naturen" kund gibt, als vielmehr
auf den ganzen Geist seiner grossartigen, durch und
durch einheitlichen Naturanschauung; und über diese
kann jetzt wohl für alle diejenigen, die überhaupt Goethe
kennen und begreifen, kein Zweifel mehr sein. Zum
Ueberfluss hat er in dem kostbaren Vermächtniss, das
„Gott und Welt" betitelt ist, uns eine Sammlung von
Bekenntnissen hinterlassen, die eben so vollendet schön
in ihrer Form, als bedeutungsvoll in ihrem Inhalte sind.
Gleich das Vorwort zu diesen Bekenntnissen, das
Proömium, drückt den monistischen Grundgedanken von
Goethe's allgemeiner Naturanschauung, die untrenn-

bare Einheit von Natur und Gott in einer Form
aus, die keinen Zweifel übrig lässt:

> „Was wär' ein Gott, der nur von aussen stiesse,
> Im Kreis das All am Finger laufen liesse!
> Ihm ziemt's, die Welt im Innern zu bewegen,
> Natur in Sich, Sich in Natur zu hegen,
> So dass, was in Ihm lebt und webt und ist,
> Nie Seine Kraft, nie Seinen Geist vermisst!"

Nehmen wir dazu nun die wundervollen folgenden
Dichtungen, die „Weltseele, Eins und Alles, Vermächtniss, Parabase, Epirrhema" u. s. w.; nehmen wir dazu
sein ausgesprochenes Bekenntniss zur Lehre Spinoza's,
so können wir irgend einen wesentlichen Unterschied von
unserer heutigen, durch Darwin neu begründeten monistischen Weltauffassung in der That nicht finden. Und
wie hoch Goethe selbst diese anschlägt, zeigt seine Frage:

> „Was kann der Mensch im Leben mehr gewinnen
> Als dass sich Gott-Natur ihm offenbare,
> Wie sie das Feste lässt zu Geist verrinnen,
> Wie sie das Geisterzeugte fest bewahre!"

Dass sich unser grosser Dichterfürst demnach die
ganze Welt nur als einen einheitlichen Entwickelungsprocess im Sinne der hellenischen Naturphilosophie dachte, beweisen u. A. auch die Dialoge zwischen
Thales und Anaxagoras in der classischen Walpurgis-
nacht, besonders aber der Nachdruck, mit welchem er
in der Geologie an der Theorie einer allmäligen und ununterbrochenen Entwickelung unseres Planeten und seiner
Gebirge festhielt. Von Anfang an war er der entschiedenste
Gegner der Irrlehre von den wiederholten gewaltsamen
Revolutionen unseres Erdballs, die im Anfange unseres

Jahrhunderts sich entwickelte und besonders durch Cuvier zu allgemeiner Geltung gelangte. „Das Gewaltsame, Sprunghafte in dieser Lehre", sagte er, „ist mir in der Seele zuwider, denn es ist nicht naturgemäss. Die Sache mag sein, wie sie will, so muss geschrieben stehen: dass ich diese vermaledeite Polterkammer der neuen Weltschöpfung verfluche! Und es wird gewiss irgend ein junger Mann aufstehen, der sich diesem allgemeinen verrückten Consens zu widersetzen Muth hat!" Nur wenige Jahre verflossen, bis diese Zuversicht sich erfüllte. Denn schon 1830 erschien Darwin's ebenbürtiger Landsmann, der grosse Geologe Charles Lyell, und gab uns seine Continuitäts-Theorie, die heute allgemein angenommene Lehre von der allmäligen und ununterbrochenen Entwickelung der Erde aus natürlichen Ursachen; eine mechanische geologische Theorie, die ganz im Sinne Goethe's alle gewaltsamen Erdrevolutionen aus übernatürlichen Ursachen ausschloss.

Offenbart sich hier schon auf geologischem Gebiete Goethe als ganz entschiedener Anhänger einer monistischen Entwickelungsidee, so gilt das noch in weit höherem Masse auf dem biologischen Gebiete. Denn die Erkenntniss „des Lebendigen, dieses köstlichen, herrlichen Dinges", war ja sein eigenstes Lieblingsstudium; hier hat er namentlich in der Morphologie, der von ihm tief erfassten „Gestaltenlehre", Blicke in das innere Werden und Entstehen der organischen Formen gethan, wie sie so tief und klar nur ein Genius thun konnte, der gleichzeitig Denker und Künstler, Naturforscher und Philosoph ist.

3

Unter den vielen interessanten Beiträgen, welche Goethe zur Morphologie geliefert hat, ist der werthvollste und am meisten ausgearbeitete die 1790 erschienene „Metamorphose der Pflanzen". In diesem reifen Producte seiner vieljährigen botanischen Studien, das ihn auch auf der Reise nach Italien angelegentlichst beschäftigte, leitet er bekanntlich den ganzen Formenreichthum der Pflanzenwelt von einer einzigen Urpflanze ab und lässt alle die verschiedenen Organe derselben durch mannigfache Umbildung und Ausbildung eines einzigen Grundorgans entstehen, des Blattes. Damit geschah thatsächlich der erste Versuch, die unendliche Vielheit der einzelnen vegetabilischen Formen auf eine gemeinsame ursprüngliche Einheit genetisch zurückzuführen:

„Alle Gestalten sind ähnlich, doch keine gleichet der andern;
Und so deutet das Chor auf ein geheimes Gesetz!"

Dieses „geheime Gesetz", dieses „heilige Räthsel" ist die gemeinsame Abstammung aller Pflanzen von jener Urpflanze, während ihre speciellen Unterschiede durch Anpassung an die verschiedenen Umstände ihrer Existenzbedingungen bewirkt werden.

Wie hier in der „Metamorphose der Pflanzen", so sucht Goethe gleicherweise auch in der „Metamorphose der Thiere" nach dem gemeinsamen Typus oder Urbilde, aus dem alle verwandten Formen durch divergente Entwickelung hervorgegangen sind:

„Alle Glieder bilden sich aus nach ew'gen Gesetzen,
Und die seltenste Form bewahrt im Geheimen das Urbild.
Also bestimmt die Gestalt die Lebensweise des Thieres,
Und die Weise zu leben, sie wirkt auf alle Gestalten
Mächtig zurück. So zeiget sich fest die geordnete Bildung,
Welche zum Wechsel sich neigt durch äusserlich wirkende Wesen."

Wie sich aus zahlreichen anderen Stellen seiner morphologischen Studien über „Bildung und Umbildung organischer Naturen" klar ergibt, war jenes „Urbild" oder der „Typus" die „innere ursprüngliche Gemeinschaft, welche allen organischen Formen zu Grunde liegt und die ursprüngliche Bildungsrichtung durch Vererbung fortpflanzt". Hingegen ist die „unaufhaltsam fortschreitende Umbildung, welche aus den nothwendigen Beziehungsverhältnissen zur Aussenwelt entspringt", nichts anderes als die Anpassung an die äusseren Existenzbedingungen. Diese letztere ist die centrifugale Bildungskraft der „Metamorphose", jene erstere hingegen die centripetale Bildungskraft der „Specification". Die klare Erkenntniss dieser beiden entgegenwirkenden und im Gegengewicht befindlichen Bildungstriebe schätzt der Dichter hoch, dass er sie begeistert als den „höchsten Gedanken" preist, zu dem die schaffende Natur sich aufschwang.

Dasjenige Gebiet der thierischen Morphologie, auf welchem sich Goethe mit besonderer Vorliebe jahrelang bewegte, war die vergleichende Osteologie, die Skeletlehre der Wirbelthiere. Das erklärt sich daraus, dass vielleicht nirgends so wie hier die Wirkung jenes höchsten Naturgedankens, der mannigfaltigen Entwickelung aus einer einzigen typischen Grundform, uns auf das Ueberzeugendste entgegentritt; daher ist auch bis auf den heutigen Tag die vergleichende Skeletlehre das bevorzugte Lieblingsgebiet der Morphologen geblieben. Indem Goethe hier die Einheit der Wirbelbildung in den verschiedenen Abtheilungen der Wirbelthiere nachwies, und

indem er ferner in seiner berühmten Schädeltheorie die
Zusammensetzung des Schädels aus einer Reihe von umgebildeten Wirbeln demonstrirte, gelangte er schon 1796
zu folgendem merkwürdigen Ausspruche: „Dies also hät-
ten wir gewonnen, ungescheut behaupten zu dürfen, dass
alle vollkommneren organischen Naturen, — worunter wir
Fische, Amphibien, Vögel, Säugethiere, und an der
Spitze der letzteren den Menschen sehen, alle
nach einem Urbilde geformt seien, das nur in seinen sehr
beständigen Theilen mehr oder weniger hin und her weicht,
und sich noch täglich durch Fortpflanzung aus- und um-
bildet."

Einige unserer Gegner haben eingewendet, dass diese
und ähnliche Stellen von Goethe keine „wissenschaftlichen
Wahrheiten, sondern poetisch-rhetorische Floskeln und
Gleichnisse" enthalten; jener Typus sei nur ein „ideales
Urbild", keine reale Stammform. Uns will scheinen, dass
dieser Einwand wenig Verständniss des grössten deutschen Genius verräth. Wer die durchaus gegenständ-
liche Denkweise von Goethe kennt, seine durch und durch
lebendige und realistische Naturanschauung würdigt, der
wird mit uns nicht länger in Zweifel sein, dass es sich
bei jenem Typus um eine ganz reale Abstammung der
verwandten Organismen von einer gemeinsamen Stammform handelt. Dass der grosse Menschenkenner dabei
auch den Menschen nicht aus der Entwickelungsreihe der
übrigen Wirbelthiere ausschloss, zeigt besonders klar seine
Vergleichung des menschlichen Schädels mit demjenigen
niederer Säugethiere. Er bezeichnet hier ausdrücklich
mehrere Stellen am menschlichen Schädel als Reste des

thierischen Schädels, „die sich bei solcher geringen Organisation im stärkeren Masse befinden, und die sich
beim Menschen, trotz seiner Höhe noch nicht ganz ver-
loren haben".

Nicht weniger zeugt dafür die berühmte Entdeckung
des Zwischenkiefers. Da der Mensch Schneidezähne gleich
den anderen Säugethieren besitzt, schloss Goethe, dass
auch der Zwischenkiefer-Knochen, in dem sie bei letzteren wurzeln, beim Menschen ebenso vorhanden sein müsse;
und er wies durch die sorgfältigste anatomische Untersuchung denselben in der That nach, obgleich er von den
angesehensten anatomischen Autoritäten bestritten wurde.

Sehr merkwürdig ist ferner in dieser Hinsicht die
Zustimmung, welche Goethe zu der bezüglichen Ansicht
Kant's in seiner „Kritik der Urtheilskraft" ausspricht,
einem Werke, dessen „grosse Hauptgedanken seinem eigenen bisherigen Schaffen, Thun und Denken ganz analog
waren". Der grosse Königsberger Philosoph hatte die
Abstammung aller organischen Wesen von einer gemein-
schaftlichen Urmutter (vom Menschen bis zum Polypen
herunter) für eine Hypothese erklärt, welche allein in
Uebereinstimmung sei mit dem Princip des Mechanis-
mus der Natur, ohne das es überhaupt keine
Naturwissenschaft geben kann; er hatte aber
diese Descendenz-Hypothese zugleich „ein gewagtes Abenteuer der Vernunft" genannt. Hierzu bemerkt nun Goethe:
„Hatte ich doch erst unbewusst und aus innerem Triebe
auf jenes Urbildliche, Typische rastlos gedrungen, war es
mir sogar geglückt, eine naturgemässe Darstellung auf-
zubauen, so konnte mich nunmehr Nichts weiter verhin-

dern, das Abenteuer der Vernunft, wie es der Alte
vom Königsberge selbst nennt, muthig zu bestehen."
    Höchst bezeichnend endlich für das ganz ausserordent-
liche Interesse, mit welchem Goethe diese Umbildungs-
Theorie bis zu seinem Lebensende verfolgte, ist seine bekannte Theilnahme an dem Streite zwischen Geoffroy
St. Hilaire und Cuvier. „Dieses Ereigniss ist für mich
von ganz unglaublichem Werthe", ruft der 81jährige Greis
mit jugendlichem Feuer; „und ich juble mit Recht über
den endlich erlebten allgemeinen Sieg einer Sache, der
ich mein Leben gewidmet habe und die ganz vor-
züglich auch die meinige ist." Die lebendige Darstellung
dieses bedeutungsvollen Kampfes, die Goethe erst wenige
Tage vor seinem Tode, im März 1832 vollendete, ist das
letzte schriftliche Vermächtniss, das der grösste Dichter
und Denker der Deutschen Nation hinterlassen hat, und
auch von diesem grossen Geisteskampfe gilt sein letztes
Wort: „Mehr Licht!"
    In hohem Masse zu bedauern ist es, dass Goethe
die höchst bedeutende, 1809 erschienene Philosophie
Zoologique von Lamarck ganz unbekannt blieb. Denn
gerade in der Entwickelungslehre dieses ganz anders ge-
fügten und streng systematisch verfassten Werkes würde
er vieles gefunden haben, was ihm fehlte; vieles, was
ihm die willkommenste Ergänzung für seine eigenen un-
vollständigen Studien geliefert hätte. In Bezug sowohl
auf die einheitliche und vollständige Durchführung der
Entwickelungsidee, als auf deren vielseitige empirische
Begründung ist das grosse Werk von Jean Lamarck
weit bedeutender, als die ähnlichen Versuche aller seiner

Zeitgenossen, insbesondere als das gleichnamige Werk von Geoffroy St. Hilaire. Wenn man bedenkt, mit welchem ausserordentlichen Interesse Goethe das Letztere aufnahm, so darf man schliessen, dass er dem ideenreichen Werke von Lamarck noch viel eingehendere Theilnahme geschenkt haben würde.

Wir müssen es als eine wahrhaft tragische Thatsache ansehen, dass die „Philosophie Zoologique" von Lamarck, eines der grössten Erzeugnisse der grossen Literaturperiode im Anfange unseres Jahrhunderts, von Anbeginn an nur eine äusserst geringe Beachtung fand und binnen wenigen Jahren ganz vergessen wurde. Erst als Darwin volle fünfzig Jahre später dem darin begründeten Transformismus neues Leben einhauchte, wurde der vergrabene Schatz wieder gefunden, und wir können jetzt nicht umhin, ihn als die vollkommenste Darstellung der Entwickelungstheorie vor Darwin zu bezeichnen. Ja, es erscheint uns als die nothwendige Sühne einer grossen historischen Ungerechtigkeit, wenn wir heute hier abermals (wie schon vor sechzehn Jahren in der „Generellen Morphologie" geschehen) den grossen Franzosen neben den grösseren Briten und den grössten Deutschen stellen. Jede der drei grossen Culturnationen von Mitteleuropa hat der Menschheit im Laufe eines Jahrhunderts einen Geisteshelden ersten Ranges geschenkt, der den Grundgedanken der einheitlichen Weltentwickelung aus natürlichen Ursachen in seiner ganzen Bedeutung erfasste.

Es würde viel zu weit führen, wollten wir hier den Versuch unternehmen, Lamarck's Werk im Auszuge vorzuführen und mit demjenigen Darwin's zu vergleichen.

Es genügt einige der wichtigsten Grundgedanken anzuführen, welche seine allgemeine Naturanschauung charakterisiren und zeigen, wie weit er seiner Zeit voraus geeilt war. Der grosse französische Biologe hatte sich viele Decennien hindurch sehr eingehend mit systematischer Botanik und Zoologie beschäftigt. Zeugniss dafür sind seine beiden berühmten und viel benutzten Specialwerke: Die „Flore française" und die „Histoire naturelle des animaux sans vertèbres". Indem er nicht allein die lebenden Formen systematisch classificirte und beschrieb, sondern auch die ausgestorbenen Vorfahren mit in sein System aufnahm, erschloss sich ihm der. innige morphologische Zusammenhang der ersteren und letzteren, und er folgerte daraus ihre gemeinsame Abstammung. Alle Thier- und Pflanzenformen, die wir als Species unterscheiden, besitzen demnach nur eine relative zeitweilige Beständigkeit und die Varietäten sind beginnende Arten. Daher ist die Formengruppe der Art oder Species ebenso ein künstliches Product unseres analysirenden Verstandes, wie die Gattung, Ordnung, Classe und jede andere Kategorie des Systems. Die Veränderung der Lebensbedingungen einerseits, der Gebrauch und Nichtgebrauch der Organe andrerseits wirken beständig umbildend auf die Organismen ein; sie bewirken durch Anpassung eine allmälige Umgestaltung der Formen, deren Grundzüge durch Vererbung von Generation zu Generation übertragen werden. Das ganze System der Thiere und Pflanzen ist also eigentlich ihr Stammbaum und enthüllt uns die Verhältnisse ihrer natürlichen Blutsverwandtschaft. Der Entwickelungsgang des Lebens auf unserem Erdball war daher stets

continuirlich und ununterbrochen, ebenso wie derjenige
der Erde selbst.

Während Lamarck so alle wesentlichen Grundgedanken unserer heutigen Abstammungslehre klar ausspricht
und durch die Tiefe seiner m o r p h o l o g i s c h e n Erkenntniss unsere Bewunderung erregt, überrascht er uns nicht
weniger durch die vorausschauende Klarheit seiner p h y -
s i o l o g i s c h e n Auffassung. Während damals noch ganz
allgemein die falsche Lehre von einer übernatürlichen
Lebenskraft in Geltung war, erkannte Lamarck dieselbe
nicht an, sondern behauptete, dass das Leben nur ein
sehr verwickeltes physikalisches Phänomen sei. Denn alle
Lebenserscheinungen beruhen auf mechanischen Vorgängen,
die durch die Beschaffenheit der organischen Materie selbst
bedingt sind. Auch die Erscheinungen des Seelenlebens
sind in dieser Beziehung von den übrigen Lebenserscheinungen nicht verschieden. Denn die Vorstellungen und
die Thätigkeiten des Verstandes beruhen auf Bewegungs-
vorgängen im Central-Nervensystem; der Wille ist in
Wahrheit niemals frei, und die Vernunft ist nur ein höhe-
rer Grad von Entwickelung und Verbindung der Urtheile.

In diesen und anderen Sätzen erhebt sich Lamarck
weit über die allgemeine Naturanschauung seiner meisten
Zeitgenossen, und entwirft ein Programm für die Biologie
der Zukunft, das erst in unseren Tagen zur Ausführung
gelangt. Bei der grossen Klarheit und Consequenz seines
Systems ist es selbstverständlich, dass er auch dem Menschen seinen naturgemässen Platz an der Spitze der Wirbelthiere anweist und die Ursachen seiner Umbildung aus
affenartigen Säugethieren erläutert. Mit gleichem Scharf-

sinne bespricht er aber auch eine der dunkelsten und
schwierigsten Fragen der ganzen Entwickelungslehre, die
Frage nach der Entstehung der ersten lebenden Wesen
auf unserem Erdball. Zur Beantwortung derselben nimmt
er an, dass die gemeinsamen ältesten Stammformen aller
Organismen absolut einfache Wesen waren, und dass diese
durch Urzeugung, unter dem Zusammenwirken verschiedener physikalischen Ursachen, unmittelbar aus an-
organischer Materie im Wasser entstanden. Dergleichen
einfachste Organismen waren aber damals noch gar nicht
beobachtet; sie wurden erst ein halbes Jahrhundert später
in den Moneren wirklich entdeckt.

Lamarck erreichte das hohe Alter von fünfundachtzig
Jahren; er lebte mithin zwei Jahre länger als Goethe,
zwölf Jahre länger als Darwin. Während aber die beiden
Letzteren das Glück genossen, ihren langen schönen Le-
bensabend von dem Sonnenglanze des Erfolges und des
Weltruhms verklärt zu sehen, beschloss der arme Lamarck
sein langes und arbeitsreiches Leben verkannt, einsam
und in Dürftigkeit. Er hatte sogar das Unglück, zehn
Jahre vor seinem Tode zu erblinden und konnte den letzten Theil seiner grossen Naturgeschichte der wirbellosen
Thiere nur aus dem Gedächtniss seinen beiden Töchtern
dictiren, die ihn zärtlich pflegten, und die er ohne alle
Unterstützung zurück lassen musste. Hoffen wir, dass
die Bitterkeit dieses schweren Missgeschickes durch das
Bewusstsein gemildert wurde, die tiefsten Blicke in die
Geheimnisse der schaffenden Natur gethan zu haben; und
dass das klare Geistesauge des erblindeten Propheten oft

den Lorberkranz vorausschaute, welchen dereinst eine
dankbare Nachwelt auf sein einsames Grab legen würde [16]).

Unzweifelhaft der grösste Mangel an Lamarck's Werke
war die ungenügende Menge von Beobachtungen und Ex-
perimenten, die er zum Beweise seiner weitreichenden
Lehrsätze anführte. Denn damals wie heute will die
grosse Mehrzahl der Naturforscher vor allem greifbare
Thatsachen in der Hand haben. Damals wie heute
stehen wir vor der paradoxen Erscheinung, dass die grosse
Mehrzahl zwar die absurdesten Hypothesen und die ver-
nunftwidrigsten Glaubenssätze unbesehen annimmt und ver-
tritt, hingegen wohlbegründeten wissenschaftlichen Theorien um so mehr Misstrauen und Widerstand entgegen-
bringt, je mehr sie sich der Wahrheit nähern. Unter
den empirischen Beweisgründen der Theorien sind aber
den Meisten nicht diejenigen am willkommensten, welche
durch zusammenhängende Erscheinungsreihen und ganze
grosse Classen von Thatsachen geliefert werden; sondern
vielmehr die specielle Beobachtung, das einzelne Experi-
ment. Einen grossen Theil seines ungeheuren Erfolgs hat
Darwin gerade dem Umstande zu verdanken, dass er
solche einzelne einleuchtende Beobachtungen und Versuche in wahrhaft erdrückender Weise in's Feld führte;
während der arme Lamarck, viel zu sehr auf das logische
Schlussvermögen der Naturforscher trauend, grösstentheils
darauf verzichtete.

Die Vergleichung der drei grossen Naturphilosophen,
in denen der grundlegende Entwickelungsgedanke unserer
heutigen Naturforschung am bedeutendsten und umfas-
sendsten sich offenbarte, ist von hohem Interesse. Denn

alle drei sind unter sich sehr verschieden, sowohl hinsichtlich ihrer universalen Anlage und der äusseren und inneren Lebensschicksale, wie auch ganz besonders hinsichtlich ihres Studienganges und der Wege, auf welchen sie ihr hohes Ziel verfolgten. Lamarck geht aus von den sorgfältigsten speciellen Studien der einzelnen Thier- und Pflanzen-Formen und wird durch seine vieljährige systematische Untersuchung und Vergleichung derselben zu der Ueberzeugung geführt, dass alle lebenden und fossilen Species aus wenigen einfachsten gemeinsamen Stammformen sich entwickelt haben. Goethe gelangt zu derselben Ueberzeugung auf Grund seiner allgemeinen vergleichend-morphologischen Studien, geleitet von der Ueberzeugung, dass die Einheit des gemeinsamen Typus oder des erblichen Urbildes in allen den verschiedenen organischen Formen überall sich nachweisen lasse, wie mannigfaltig sie auch im Einzelnen durch Anpassung an die äusseren Umstände umgebildet werden. Darwin endlich beantwortet sich zunächst die Frage, durch welche Ursachen die neuen, vom Menschen gezüchteten Culturformen der Thiere und Pflanzen entstehen, und zeigt dann, dass der Kampf um's Dasein diejenige Ursache ist, welche in gleicher Weise, durch Wechselwirkung der Anpassung und Vererbung, neue Organismen-Arten im freien Naturzustande beständig hervorbringt.

Auf diesen ganz verschiedenen Wegen und durch Anwendung ganz verschiedener Untersuchungs-Methoden gelangen alle drei Naturforscher schliesslich zu derselben Ueberzeugung, zu der Annahme einer einheitlichen und zusammenhängenden Entwickelung der ganzen organischen

Natur, allein durch die Wirkung natürlicher Ursachen, mit Ausschluss aller übernatürlichen Schöpfungswunder. Da aber alle drei zugleich tiefdenkende Philosophen sind und beständig die E i n h e i t der gesammten Erscheinungs- welt im Auge behalten, so erweitert sich ihre Entwicke- lungsidee zu einer grossartigen pantheistischen Weltauf- fassung, zu derjenigen Einheitslehre, die das Wesen un- serer heutigen m o n i s t i s c h e n N a t u r a n s c h a u u n g bildet.

Die unermessliche Wirkung, welche der entschiedene Sieg dieser einheitlichen Naturanschauung heute schon auf alle Gebiete der menschlichen Erkenntniss ausübt, und welche von Jahr zu Jahr in geometrischer Progression steigt, eröffnet uns die erfreulichste Aussicht auf die weitere intellectuelle und moralische Entwickelung der Menschheit. Ich persönlich wiederhole hier meine feste Ueberzeugung, dass man diesen Fortschritt der wissen- schaftlichen Erkenntniss künftig als den grössten Wende- punkt in der Geistesgeschichte der Menschheit betrachten wird. Glücklich dürfen wir uns preisen, denselben zu er- leben, und Augenzeugen des goldenen Glanzes zu sein, welchen die neu aufgehende Morgensonne der Wahrheit über das unermessliche Gebiet wissenschaftlicher For- schung ergiesst.

Gerade die v e r s ö h n e n d e und a u s g l e i c h e n d e Wirkung unserer genetischen Naturanschauung möchten wir hier ganz besonders betonen, um so mehr als unsere Gegner fortdauernd bestrebt sind, derselben zerstörende und zersetzende Bestrebungen unterzuschieben. Diese de- structiven Tendenzen sollen nicht allein gegen die Wissen-

schaft, sondern auch gegen die Religion, und somit überhaupt gegen die wichtigsten Grundlagen unseres Cultur-
lebens gerichtet sein. Solche schwere Beschuldigungen,
sofern sie wirklich auf Ueberzeugung beruhen und nicht
bloss auf sophistischen Trugschlüssen, können nur aus
einer argen Verkennung dessen erklärt werden, was'den
eigentlichen Kern der wahren Religion bildet. Dieser
Kern beruht nicht auf der speciellen Form des Glaubens-
bekenntnisses, der Confession, sondern vielmehr auf der
kritischen Ueberzeugung von einem letzten unerkennbaren
gemeinsamen Urgrunde aller Dinge, und auf der praktischen Sittenlehre, die sich aus der geläuterten Naturanschauung unmittelbar ergibt.

In diesem Zugeständnisse, dass der letzte Urgrund
aller Erscheinungen bei der gegenwärtigen Organisation
unseres Gehirns uns nicht erkennbar ist, begegnet sich
die kritische Naturphilosophie mit der dogmatischen Religion. Natürlich nimmt aber dieser Gottesglaube unendlich verschiedene Formen des Bekenntnisses an, entspre-
chend dem unendlich verschiedenen Grade der Naturerkenntniss. Je weiter wir in der letzteren fortschreiten,
desto mehr nähern wir uns jenem unerreichbaren Urgrunde, desto reiner wird unser Gottesbegriff[16]).

Die geläuterte Naturerkenntniss der Gegenwart kennt
nur jene natürliche Offenbarung, die im Buche der Natur
für Jedermann offen da liegt, und die jeder vorurtheils-
freie, mit gesunden Sinnen und gesunder Vernunft aus-
gestattete Mensch aus diesem Buche lernen kann. Es ergibt sich daraus jene monistische reinste Glaubensform,
die in der Ueberzeugung von der Einheit Gottes und

der Natur gipfelt und die in den pantheistischen Bekenntnissen unserer grössten Dichter und Denker, Goethe und Lessing voran, schon längst ihren vollkommensten Ausdruck gefunden hat.

Dass auch Charles Darwin von dieser Naturreligion durchdrungen und kein kurzsichtiger Bekenner irgend einer besonderen Kirchenconfession war, liegt für Jeden auf der Hand, der seine Werke kennt. Da aber einige seiner Landsleute gleich nach seinem Tode das Gegentheil behaupteten, und da einige bigotte Priester sogar Darwin als orthodoxen Bekenner eines specifischen Bekenntnisses der Englischen Kirche verherrlicht haben, so wird es uns gestattet sein, hier diese Unwahrheit durch einen unzweideutigen Beweis zu widerlegen. Ich bin so glücklich, hier ein unschätzbares, bisher unbekanntes Document mittheilen zu können, welches darüber gar keinen Zweifel lässt.

Ein strebsamer, von aufrichtigem Erkenntnissdrange beseelter Jüngling, den ich noch vor wenigen Monaten unter meinen Zuhörern in Jena zu sehen das Vergnügen hatte, war durch die Lectüre von Darwin's Werken an dem christlichen Offenbarungsglauben irre geworden, welchen er bis dahin als die werthvollste Grundlage aller seiner Ueberzeugungen betrachtet hatte. Von schweren Zweifeln bedrängt, schrieb er an Darwin und bat ihn um Aufklärung, besonders über seine Ansicht von der Unsterblichkeit der Seele. Darwin liess ihm durch eines seiner Familienmitglieder antworten, dass er alt und kränklich, und mit wissenschaftlichen Arbeiten zu sehr belastet sei, um diese schwierigen Fragen beantworten zu können. Aber der junge Wahrheitsforscher

beruhigte sich dabei nicht, sondern richtete an den ehrwürdigen Greis nochmals eine ebenso herzliche als dring-
liche Bitte. Als Antwort kam jetzt ein eigenhändig von
Darwin selbst geschriebener und unterschriebener Brief
von folgendem Wortlaute [17]):

Down, 5. Juni 1879.

Lieber Herr!

Ich bin sehr beschäftigt, ein alter Mann und von
schlechter Gesundheit, und ich kann nicht Zeit gewinnen,
Ihre Frage vollständig zu beantworten, vorausgesetzt,
dass sie beantwortet werden kann. Wissenschaft
hat mit Christus Nichts zu thun, ausgenommen
in sofern, als die Gewöhnung an wissenschaftliche Forschung einen Mann vorsichtig macht, Beweise anzuerkennen. Was mich selbst betrifft, so glaube
ich nicht, dass jemals irgend eine Offenbarung stattgefunden hat. In Betreff aber eines zu-
künftigen Lebens muss Jedermann für sich selbst die
Entscheidung treffen, zwischen widersprechenden unbe-
stimmten Wahrscheinlichkeiten.

Ihr Wohlergehen wünschend bleibe ich, lieber Herr,

Ihr hochachtungsvoller
Charles Darwin.

Nach diesem offenen Bekenntnisse wird Niemand
mehr in Zweifel sein, dass die Religion von Charles Darwin keine andere war, als diejenige von Goethe und Lessing, von Lamarck und Spinoza. Diese monistische
Religion der Humanität steht mit denjenigen Grund-
lehren des Christenthums, die dessen wahren Werth be-

gründen, keineswegs im Widerspruch. Denn die allgemeine Menschenliebe, als Grundprincip der Sittlichkeit, ist in der ersteren ebenso wie in dem letzteren enthalten. Die Urquelle derselben ist, wie Darwin gezeigt hat, in den socialen Instincten der höheren Thiere zu suchen, jenen psychischen Functionen, welche die Letztern durch Anpassung an das gesellige Zusammenleben erworben und durch Vererbung auf den Menschen übertragen haben.

Denn der Mensch kann nur in gesetzmässig·geordneter Gesellschaft die wahre und volle Ausbildung des höheren Menschenwesens erlangen. Das ist aber nur möglich, wenn der natürliche Selbsterhaltungstrieb, der Egoismus, eingeschränkt und berichtigt wird durch die Rücksicht auf die Gesellschaft, durch den Altruismus. Je höher sich der Mensch auf der Stufenleiter der Cultur erhebt, desto grösser sind·die Opfer, welche er der Gesellschaft bringen muss. Denn die Interessen der letzteren gestalten sich immer mehr zugleich zum Vortheil jedes Einzelnen; sowie umgekehrt die geordnete Gemeinschaft um so besser gedeiht, je mehr die Bedürfnisse ihrer Glieder befriedigt sind. Es ist daher eine ganz einfache Naturnothwendigkeit, welche ein gesundes Gleichgewicht zwischen Egoismus und Altruismus zur ersten Forderung der natürlichen Sittenlehre erhebt.

Die grössten Feinde der Menschheit sind von jeher bis auf den heutigen Tag Unwissenheit und Aberglaube gewesen; ihre grössten Wohlthäter aber die hehren Geisteshelden, welche die letzteren mit dem Schwerte ihres freien Gedankens muthig bekämpft haben. Unter

4

diesen ehrwürdigen Geisteskämpfern stehen Darwin, Goethe und Lamarck obenan, in einer Reihe mit Newton, Galilei und Copernicus. Indem diese grossen Naturdenker ihre reichen Geistesgaben, allen Anfechtungen trotzend, zur Entdeckung der erhabensten natürlichen Wahrheiten verwendeten, sind sie zu wahren Erlösern der hilfsbedürftigen Menschheit geworden, und haben einen weit höheren Grad von christlicher Menschenliebe bethätigt, als die Schriftgelehrten und Pharisäer, welche dieses Wort stets im Munde, das Gegentheil aber im Herzen führen.

Wie wenig hingegen der blinde Wunderglaube und die Herrschaft der Orthodoxie im Stande ist, wahre Menschenliebe zu bethätigen, davon legt leider nicht nur die ganze Geschichte des Mittelalters Zeugniss ab, sondern auch das intolerante und fanatische Gebahren der streitenden Kirche in unsern Tagen. Oder müssen wir nicht mit tiefer Beschämung auf jene rechtgläubigen Christen blicken, die gegenwärtig wieder ihre christliche Liebe in der Verfolgung Andersgläubiger und in blindem Rassenhasse zum Ausdruck bringen? Selbst hier in Eisenach, im Herzen Deutschlands, an der heiligen Stätte, wo Martin Luther uns vom finstern Banne des Buchstabenglaubens befreit hat, in dem gesegneten Lande Weimar, in welchem sowohl die besten Traditionen des allverehrten Fürstenhauses als des Volkes mit der freien Entwickelung des deutschen Geistes untrennbar für immer verknüpft sind, selbst hier hat kaum vor Jahresfrist eine schwarze Schar von sogenannten Lutheranern es

gewagt, die freie Wissenschaft auf's Neue unter jenes
Joch beugen zu wollen [16])!

Gegen diese Anmassung eines herrschsüchtigen und
eigennützigen Priesterthums wird es uns heute gestattet
sein, an derselben Stelle zu protestiren, wo der grosse
Reformator der Kirche vor 360 Jahren das Licht der
freien Forschung angezündet hat. Als wahre Prote-
stanten werden wir uns gegen jeden Versuch erheben,
die selbständige Vernunft wieder unter das Joch des
Aberglaubens zu zwingen, gleichviel ob dieser Versuch
von einer kirchlichen Secte oder von einem pathologischen Spiritismus ausgeht [19]).

Glücklicher Weise dürfen wir diese mittelalterlichen
Rückfälle als vorübergehende Verirrungen betrachten, die
keine bleibende Wirkung haben. Die unermessliche praktische Bedeutung der Naturwissenschaften für unser mo-
dernes Culturleben ist jetzt so allgemein anerkannt, dass
kein Theil desselben sich ihr mehr entziehen kann. Keine
Macht der Welt wird im Stande sein, die ungeheuren
Fortschritte wieder rückgängig zu machen, welche wir
den Eisenbahnen und Dampfschiffen, der Telegraphie und
Photographie, den tausend unentbehrlichen Entdeckungen
der Physik und Chemie verdanken.

Ebenso wenig wird es aber auch irgend einer Macht
der Welt gelingen, die theoretischen Errungenschaften
zu vernichten, welche mit jenen praktischen Erfolgen
der modernen Naturwissenschaft untrennbar verknüpft
sind. Unter diesen Theorien müssen wir der Entwickelungslehre von Lamarck, Goethe und Darwin den ersten
Platz anweisen. Denn durch sie allein werden wir be-

4 *

fähigt, jene umfassende Einheit unserer Naturanschauung fest zu begründen, in der jede Erscheinung
nur als Ausfluss eines und desselben allumfassenden Na-
turgesetzes erscheint. Das grosse Gesetz von der „Er-
haltung der Kraft" findet dadurch seine allgemeine
Anwendung auch auf jenen biologischen Gebieten, die
ihm bisher verschlossen erschienen.

Angesichts der überraschenden Geschwindigkeit, mit
der die Entwickelungslehre in den letzten Jahren sich
ihren Eingang in die verschiedensten Forschungsgebiete
gebahnt hat, dürfen wir hier die Hoffnung aussprechen,
dass auch ihr hoher pädagogischer Werth immer mehr
anerkannt wird und dass sie den Unterricht der kom-
menden Generationen ganz gewaltig vervollkommnen wird.
Als ich vor fünf Jahren auf der fünfzigsten Naturforscher-Versammlung in München die hohe Bedeutung der
Entwickelungslehre für den Unterricht betonte, wurde ich
so missverstanden, dass mir hier einige Worte der Ver-
ständigung gestattet sein mögen. Selbstverständlich
konnte ich damit nicht die Forderung stellen wollen,
dass der Darwinismus in den Elementarschulen gelehrt
werde. Das ist einfach unmöglich. Denn ebenso wie die
höhere Mathematik und Physik, oder wie die Geschichte
der Philosophie, erfordert derselbe eine Masse von Vor-
kenntnissen, die erst auf den höheren Lehrstufen erworben werden können. Wohl aber dürfen wir jetzt fordern,
dass alle Unterrichtsgegenstände nach der genetischen
Methode behandelt werden; dann wird auch die Grund-
idee der Entwickelungslehre, der ursächliche Zusammenhang der Erscheinungen, überall zur

Geltung kommen. Wir sind der festen Ueberzeugung, dass dadurch das naturgemässe Denken und Urtheilen in weit höherem Masse gefördert werden wird, als durch irgend welche andere Methoden.

Zugleich wird durch diese ausgedehnte Anwendung der Entwickelungslehre eines der grössten Uebel unserer heutigen Jugendbildung beseitigt werden: jene Ueberhäufung mit todtem Gedächtnisskram, welche die besten Kräfte verzehrt und weder Geist noch Körper zur normalen Entwickelung kommen lässt. Diese übermässige Belastung beruht auf dem alten unausrottbaren Grundirrthum, dass die Quantität der thatsächlichen Kenntnisse die beste Bildung bedinge, während diese in der That vielmehr von der Qualität der ursächlichen Erkenntniss abhängt. Wir würden es daher vor Allem nützlich erachten, dass die Auswahl des Lehrstoffes in den höheren wie in den niederen Schulen viel sorgfältiger geschehe, und dass dabei nicht diejenigen Lehrfächer bevorzugt werden, welche das Gedächtniss mit Massen von todten Thatsachen belasten, sondern diejenigen, welche das Urtheil durch den lebendigen Fluss der Entwickelungsidee bilden. Man lasse unsere geplagte Schuljugend nur halb so viel lernen, lehre sie aber diese Hälfte gründlicher verstehen, und die nächste Generation wird an Seele und Leib doppelt so gesund sein, als die jetzige[10]).

In erfreulichster Weise kommen diesen Forderungen die Reformen entgegen, die sich gleichzeitig auf den verschiedensten Gebieten der Wissenschaft vollziehen. Ueberall rührt und regt sich frisches neues Leben, angeregt durch die Idee der natürlichen Entwickelung; in der vergleichenden Sprachforschung und der Culturgeschichte ebenso wie in der Psychologie und Philosophie; in der Ethnographie und Anthropologie nicht minder als in der Botanik und Zoologie.. Ueberall treiben die erfreulichsten Blüthen aus den verschiedensten Zweigen der Wissenschaft, und ihre Früchte werden übereinstimmend Zeugniss davon ablegen, dass sie alle aus einem einzigen Baume der Erkenntniss entspringen und ihre Nahrung aus einer einzigen Wurzel beziehen. Dank und Ehre aber den grossen Meistern, die uns durch ihre genetische und monistische Naturanschauung zu dieser lichten Höhe der Erkenntniss geführt haben, auf der wir mit Goethe sagen dürfen:

„Dieser schöne Begriff von Macht und Schranken, von Willkür
Und Gesetz, von Freiheit und Maas, von beweglicher Ordnung,
Vorzug und Mangel, erfreue dich hoch; die heilige Muse
Bringt harmonisch ihn dir, mit sanftem Zwange belehrend.
Keinen höhern Begriff erringt der sittliche Denker,
Keinen der thätige Mann, der dichtende Künstler; der Herrscher,
Der verdient es zu sein, erfreut nur durch ihn sich der Krone.
Freue dich, höchstes Geschöpf der Natur, du fühlest dich fähig,
Ihr den höchsten Gedanken, zu dem sie schaffend sich aufschwang,
Nachzudenken. Hier stehe nun still und wende die Blicke
Rückwärts; prüfe, vergleiche, und nimm vom Munde der Muse,
Dass du schauest, nicht schwärmst, die liebliche volle Gewissheit."

Anmerkungen.

1) (Seite 6.) Die Anerkennung Darwin's in seinem Vaterlande sprach sich bei seinem feierlichen Leichen-
Begängniss in einer Weise aus, welche Gross-Britannien alle
Ehre macht und wunderbar mit der Missachtung und dem
Spotte contrastirt, mit welchen er viele Jahre hindurch ver-
folgt worden war. Die Zipfel des Leichentuches trugen
nicht allein vier der berühmtesten britischen Naturforscher:
Huxley, Hooker, Lubbock, Wallace, sondern auch der Theo-
loge Farrar, der Herzog von Argyll, der Herzog von Devon-
shire und der amerikanische Gesandte Lowell. Im Trauer-
gefolge befanden sich ausser den nächsten Verwandten und
Freunden auch Vertreter von sämmtlichen wissenschaftlichen Gesellschaften Gross-Britanniens, die Spitzen der
Regierung und der Stadt London, die Botschafter Deutschlands, Frankreichs und Italiens. Wenn man bedenkt, wie
heftig der Darwinismus noch vor wenigen Jahren vom grössten und einflussreichsten Theile der englischen Presse bekämpft wurde, welchen ungeheuren Widerstand von religiösen und socialen Vorurtheilen er gerade in seinem Vaterlande zu überwinden hatte, so darf man dieses Begräbniss
wohl als einen hohen Triumph des Geistes der Wahrheit
feiern!

2) (Seite 7.) Die Angriffe, welche Dr. Lucae, als
Präsident der diesjährigen Anthropologen-Versammlung in
Frankfurt a/M., gegen Darwin richtete, sind gleich den-

jenigen ihres General-Secretärs, des Professor **Johannes
Ranke** aus München, insofern interessant, als sie die merk-
würdige **Unwissenheit** dieser sogenannten „**Empiriker**"
illustriren. Obgleich dieselben mit Vorliebe die Resultate
der vergleichenden **Schädellehre** gegen Darwin in das
Feld führen, sind sie doch mit deren wichtigsten Fortschritten, insbesondere mit der berühmten Schädel-Theorie
von Gegenbaur, so gut wie ganz unbekannt. Im Uebrigen
vergl. mein Vorwort.

3) (Seite 7.) **Ueber die Entwickelungs-Theorie
Darwin's.** Vortrag gehalten am 19. September 1863 in
der ersten allgemeinen Sitzung der 38. Versammlung Deutscher Naturforscher und Aerzte zu Stettin. Da in diesem
Vortrag zum ersten Male der Darwinismus und die dadurch
begründete moderne Entwickelungs-Lehre vor einer Naturforscher-Versammlung in Deutschland zur Sprache gebracht
wurde, und da der officielle Abdruck desselben in dem
„Amtlichen Berichte" durch zahlreiche und grobe Druck-
fehler entstellt war, habe ich denselben im ersten Hefte
meiner „Gesammelten populären Vorträge aus dem Gebiete
der Entwickelungslehre" (Bonn, 1878) abdrucken lassen.

4) (Seite 8.) **Die heutige Entwickelungslehre
im Verhältnisse zur Gesammtwissenschaft.** Vortrag gehalten am 18. September 1877 in der ersten allgemeinen Sitzung der 50. Versammlung deutscher Naturforscher und Aerzte zu München (Stuttgart, 1877. Dritte Auflage 1878). Abgedruckt im zweiten Hefte der „Gesammelten populären Vorträge" (Bonn 1879). Dieser Vortrag wurde
wenige Tage später (am 22. September) in der zweiten allgemeinen Sitzung derselben Versammlung auf das Schärfste
von **Rudolf Virchow** angegriffen in seiner Rede über
„die Freiheit der Wissenschaft im modernen Staate". Als
nothgedrungene **Vertheidigung** gegen diesen starken
und von mir in keiner Weise provocirten **Angriff** ver-
öffentlichte ich sodann meine Schrift über „Freie Wissenschaft und freie Lehre" (Stuttgart 1878). Ich sehe mich
zu meinem aufrichtigen Bedauern gezwungen hier nochmals an diese **Thatsachen** zu erinnern, weil noch vor
wenigen Tagen mehrere Berliner Blätter mit der dreistesten
Umkehrung der Wahrheit das Gegentheil behauptet und
mich eines unmotivirten **Angriffes** gegen Virchow be-
schuldigt haben; die vorliegende Eisenacher Rede sollte an-

geblich diesen „Angriff" wiederholen und erneuern! (Vergl. das Vorwort und die vorhergehenden Anmerkungen.)

5) (Seite 10.) Darwin's Selections-Theorie, als schlagende Widerlegung der landläufigen Teleologie, kann wohl kaum in glänzenderem Lichte erscheinen, als gegenüber dem folgenden Satze von Kant: „Es ist für Menschen ungereimt, auch nur einen solchen Anschlag zu fassen, oder zu hoffen, dass noch etwa dereinst ein Newton aufstehen könne, der auch nur die Erzeugung eines Grashalms nach Naturgesetzen, die keine Absicht geordnet hat, begreiflich machen werde, sondern man muss diese Einsicht dem Menschen schlechterdings absprechen." Indem Darwin thatsächlich diese schwerste, noch von Kant für unlösbar erklärte Aufgabe gelöst hat, ist er in der That jener „Newton der organischen Natur" geworden. Nichts beweist schlagender die Riesengrösse der Fortschritte, welche unsere ursächliche Erkenntniss der Natur seitdem gemacht hat. Vergl. meine „Natürliche Schöpfungsgeschichte", VII. Auflage, S. 95 (Berlin 1879).

6) (Seite 11.) Die Stammbäume der Organismen und die phylogenetische Methode. Angesichts der fortdauernden Missverständnisse, welche die Anwendung der phylogenetischen Forschungs-Methode in der Morphologie der Organismen noch immer erfährt, sehen wir uns hier zu der wiederholten Erklärung genöthigt, dass diese Methode die einzige ist, welche uns durch die Erkenntniss der Stammverwandtschaft der organischen Formen zu einem wahrhaft causalen Verständniss derselben führt. Daraus folgt aber ganz von selbst und mit Nothwendigkeit die Auffassung des natürlichen Systems der organischen Formen als ihres hypothetischen Stammbaumes; und für jeden Morphologen, der vergleichend die Beziehungen der „ähnlichen und doch ungleichen" Gestalten untersucht, ergiebt sich daraus die Nothwendigkeit, sich mehr oder weniger bestimmte Vorstellungen über ihre gemeinsame Abstammung zu bilden; mit anderen Worten: ihren hypothetischen Stammbaum mehr oder weniger annähernd zu construiren. Diese phylogenetischen Hypothesen haben ganz denselben Werth und sind ebenso unentbehrlich, als die allgemein angenommenen geologischen Hypothesen, und wer die ersteren verwirft, darf auch die letz-

teren nicht gelten lassen. Vergl. unter Anderem: Gegenbaur, Grundriss der vergleichenden Anatomie, und Stras-
burger, Ueber die Bedeutung phylogenetischer Methoden
für die Erforschung lebender Wesen (Jenaische Zeitschrift
für Naturwissensch., Bd. VIII, 1874).

7) (Seite 11.) Der Stammbaum des Menschen-
geschlechts, wie ich ihn in meiner „Anthropo-
genie" (Dritte Auflage, 1877) zu entwerfen versucht habe,
hat ganz dieselbe Berechtigung, wie jede andere phylogenetische Hypothese, die sich auf die Thatsachen der
vergleichenden Anatomie, Ontogenie und Paläontologie stützt. Nach unserer Ueberzeugung sind sogar
viele einzelne Stufen dieses Stammbaumes — Dank der
hohen Ausbildung, die neuerdings die genannten Wissenschaften erreicht haben — viel besserer und sicherer begründet, als die meisten anderen Stammbäume. So erscheint es z. B. schon jetzt nicht mehr zu bezweifeln, dass
das Menschen-Geschlecht zunächst aus catarrhinen Affen
der alten Welt hervorgegangen ist, dass diese gleich
allen anderen Säugethieren auf Amphibien der Stein-
kohlen-Periode zurückzuführen sind, diese letzteren auf
silurische Urfische u. s. w. Aber auch für die gemein-
schaftliche Abstammung aller dieser Wirbelthiere von wirbellosen Vorfahren liegen in der vergleichenden Keimesgeschichte des Amphioxus und der Ascidie so viele und
wichtige Thatsachen vor, dass die competentesten Zoologen
in deren Anerkennung übereinstimmen. Wenn dem gegenüber noch einzelne sogenannte Anthropologen zwar eine
Abstammung des Menschen von einer thierischen Ahnen-
Reihe zugeben, aber behaupten, dass diese völlig unbekannt
sei, so beweisen sie damit nur, dass sie selbst mit den angeführten Wissenschaften unbekannt sind.

8) (Seite 14.) Zur Biographie von Charles
Darwin vergl. namentlich W. Preyer im IV. Bande des
„Kosmos" (März 1879); ferner Ernst Krause im XI. Bande
desselben (VI. Jahrgang, 3. Heft).

9) (Seite 25.) Ueber die griechische Natur-
Philosophie in ihrem Verhältniss zum Darwinis-
mus vergl. besonders Fritz Schultze im II. Bande des
„Kosmos" (1877), sowie in seinem Werke: „Philosophie der
Naturwissenschaft" (Bd. I, 1881). Vergl. ferner: Eduard

Zeller: Ueber die griechischen Vorgänger Darwin's (in den
Abhandl. der Berliner Akademie von 1878).

10) (Seite 30.) „Lessing's Kosmologie gipfelt in
der Lehre von einem Gesetze der Entwickelung,
welches die gesammte Natur beherrscht und welches zu
der Idee einer Stufenreihe der Weltwesen führt." J. H.
Witte, die Philosophie unserer Dichter-Heroen (Bonn 1880,
p. 50).

11) (Seite 30.) Friedrich von Baerenbach, Herder
als Vorgänger Darwins und der modernen Naturphilosophie. Beiträge zur Geschichte der Entwickelungslehre im 18. Jahrhundert. Berlin 1877.

12) (Seite 30.) Fritz Schultze, Kant und Darwin.
Ein Beitrag zur Geschichte der Entwickelungslehre. Jena
1875. `

13) (Seite 30.) Erasmus Darwin und seine Stel-
lung in der Geschichte der Descendenz-Theorie, von Ernst
Krause. Mit seinem Lebens- und Character-Bilde von
Charles Darwin. Nebst Portrait. Leipzig 1880.

14) (Seite 31.) Transformistische Aussprüche
von Goethe hat neuerdings Dr. S. Kalischer in grös-
serer Zahl zusammengestellt und treffend beleuohtet in seinem Aufsatz über „Goethe und Darwin" (in der Berliner Zeitschrift „Wage", 1876, Nr. 11 und 12). Ich stimme
der hier gegebenen Darstellung vollständig bei.

15) (Seite 43.) Ueber Lamarck's Leben und Bedeutung vergl. die biographische Einleitung zu der neuen
Auflage seiner Philosophie zoologique (Paris 1873) von
Charles Martins; sowie deren deutsche Uebersetzung
von A. Lang (Jena 1876).

16) (Seite 46.) Das kritische Zugeständniss,
dass der letzte Urgrund aller Erscheinungen bei der gegenwärtigen Organisation unseres Gehirns uns nioht erkennbar
ist, haben Berliner Anhänger von Du Bois-Reymond
sofort als Bekehrung zu dessen berührten „Ignorabimus"
ausgelegt. Diese übersehen aber den Unterschied zwischen
Praesenz und Futurum; „Ignoramus" ist etwas ganz
Anderes als „Ignorabimus". Ausserdem nimmt unser
monistisches Bekenntniss nur ein einziges „Welt-
räthsel" an, während Du Bois-Reymond deren damals schon

zwei annahm, neuerdings aber sogar sieben! Vermuth-
lich wird bei dieser rückläufigen Entwickelung die Zahl derselben beständig steigen! Vergl. das Capitel: „Ignorabimus
et Restringamur" in meiner Schrift über „Freie Wissenschaft und freie Lehre" (Stuttgart 1878).

17) (Seite 48.) Letter from Charles Darwin to
Nicolas Baron Mengden. Juni 5. 1879. Down, Becken-
ham, Kent: „Dear Sir! I am much engaged, an old man
and out of health, and I cannot spare time to answer Your
question fully — provided it can be answered. Science
has nothing to do with Christ; except in so far, as
the habit of scientific research makes a man cautious in
admitting evidence. For myself I do not believe,
that there ever has been any Revelation. As for
a future life, every man must judge for himself between
conflicting vague probabilities.
Wishing you happiness
I remain, dear Sir, Yours faithfully
Charles Darwin.

18) (Seite 51.) Der Berliner Hofprediger Stöcker,
der bekannte antisemitische Agitator, forderte in der Thü-
ringer Theologen-Conferenz, welche vor einem Jahre in
Eisenach abgehalten wurde, u. A. „die Anstellung ortho-
doxer Professoren an der Universität Jena", und
zwar als ein „Recht der Kirche". So wenig unter der
weisen und toleranten Regierung, deren wir uns erfreuen,
die Erfüllung einer solchen thörichten Forderung zu fürch-
ten ist, so beweist sie doch deutlich, welcher Zumuthungen
sich die freie Wissenschaft von Seiten dieser „wahren Christen" zu versehen hat.

19) (Seite 51.) Der „pathologische Spiritismus", eine moderne Form des nackten Wunderglaubens,
gegen die wir hier protestiren, ist von Berliner Tagesblät-
tern unbegreiflicherweise auf Rudolf Virchow bezogen worden, weil dieser „Professor der pathologischen Anatomie"
ist! (Vergl. oben das Vorwort.) Wie bei früheren ähnlichen Producten des Mysticismus, so spielt auch bei dem
heutigen Spiritismus der bewusste Betrug keine ge-
ringere Rolle, als die unbewusste Selbsttäuschung. Es erscheint gewiss nicht überflüssig, bei jeder Gelegenheit auf
die daraus entspringenden Gefahren hinzuweisen, wenn man

bedenkt, dass dieser gefährliche, aller vernünftigen Erfah-
rung widersprechende Aberglaube Millionen von „gebildeten" Anhängern zählt und durch eine periodische Literatur von mehr als dreissig Zeitschriften gefördert wird!

20) (Seite 53.) Die Reform des Unterrichts, für
welche wir vom Siege der Entwickelungslehre das Beste
hoffen, wird ebensowohl das mathematisch-naturwissenschaft-
liche, wie das philologisch-historische Gebiet betreffen müssen; denn auf beiden Gebieten wird gleichmässig darin ge-
fehlt, dass viel zu viel Lehrstoff angehäuft und viel zu
wenig auf dessen gehörige Verdauung geachtet wird. Obgleich diese Klagen fast auf allen Lehrer-Versammlungen
sich wiederholen, sehen wir dennoch keine ernstlichen An-
strengungen zu deren Abhilfe; und wir halten es demnach
für unsere Pflicht, auch bei dieser Gelegenheit darauf hinzuweisen. Nur durch sein Werden wird das Gewordene
erkannt! Wahres Verständniss der Erscheinungen liefert
nur die Geschichte ihrer Entwickelung!

Nachschrift.

Im Begriffe, die Correctur dieses Bogens zu schliessen, erhalte ich so eben den nachstehenden interessanten Brief aus England, welcher über die Aufnahme des S. 48 und 60 mitgetheilten Briefes von Darwin in seinem Vaterlande berichtet:

Practical Science Laboratory,
13, Newman Street,
London, W. 6. October 1882.

Sehr geehrter Herr!

Ich wünsche Ihnen hierdurch mitzutheilen, in welcher Art unsere englische Presse die Mittheilungen empfangen hat, welche Sie über Charles Darwin und seinen Brief über Religion in Ihrer Vorlesung in Eisenach letzten Monat machten. Von der Frankfurter Zeitung — September — entnehme ich, dass Sie zunächst mit Ihrer gewöhnlichen Unerschrockenheit und Bestimmtheit Darwins Stellung zur Religion klarlegten und dann einen Brief anführten, den Darwin an einen Jenaer Studenten richtete. Dieser äusserst wichtige Brief, welcher der Welt deutlich macht, was bisher nur Einige als evident angenommen hatten, nämlich dass Charles Darwin ungläubig gegen Kirchen-Religion war, wurde in einer hiesigen Abend-Zeitung, „Pall Mall Gazette", (heraus-

gegeben von John Morley) und im „National Reformer"
(herausgegeben von Charles Bradlaugh und Annie Besant)
wiedergegeben. Neben diesen zwei Ausnahmen existirt
meines Wissens keine Zeitung in London, die den Brief
ebenfalls veröffentlicht hätte — so feig sind unsere Lite-
raten. Alles wird unterdrückt, sogar ein so wichtiges
Document, wie das vom berühmten Darwin, und warum?
Weil die Ansichten, die in demselben niedergelegt sind,
einfach im Widerspruch stehen mit den festgesetzten gesellschaftlichen Formen und weil sie nicht orthodox
sind. Zu der Schande Englands sei es gesagt, dass
sogar die den Ton angebende wissenschaftliche Zeitung
„Nature" in der Nummer vom 28. September allerdings eine wörtliche Wiedergabe Ihrer Vorlesung bekannt
macht, den Brief von Darwin aber einfach auslässt. Dies
zeigt nur zum kleinen Theil das englische System, welches lehrt, die Augen zu schliessen, wenn unangenehme
Thatsachen zur Geltung kommen.

Wäre der Brief unseres heimgegangenen Lehrers zu
Gunsten der Kirchen-Religion geschrieben gewesen, so
würde hingegen die erwähnte Zeitung nicht die geringste
Rücksicht auf die Ansichten der freidenkenden und wissenschaftlichen Welt genommen und den Brief vollständig
wiedergegeben haben. Ich meine, dass Worte eines
Mannes wie Darwin rückhaltlos der Welt bekannt gegeben werden sollten, ohne eine freund-
liche oder feindliche Aufnahme derselben in Betracht zu
ziehen. Alles was solch ein kosmopolitischer Denker
sagt, ist von ungeheurem Werthe und das Eigen-

thum der ganzen Welt, nicht von Verwandten und
Freunden.

Wir in England sind Ihnen dankbar, diesen so
werthvollen Brief bekannt gegeben zu haben; wir bedauern unendlich, dass unsere Zeitungen (— eingeschlossen „Nature", die bekannt ist als eines der ersten
wissenschaftlichen Journale —), vorsätzlich einen Artikel
Darwin's unterdrücken, der in diesem Briefe allerdings
den innersten Kern eines alten und untauglich gewor-
denen Gebäudes, den in der Welt verbreiteten Aber-
glauben antastet. Eine Veröffentlichung vorstehender
Auseinandersetzungen stelle ich ganz in Ihr Gutachten.

Ihr sehr ergebener

Edward B. Aveling.

Aus diesem Briefe ergiebt sich, bis zu welchem erstaunlichen Grade selbst jetzt noch in dem „freien" Gross-
Britannien der freie Gedanke und die Wahrheits-Forschung
von dem festgesetzten Terrorismus der socialen und religiösen Vorurtheile unterdrückt wird. Wir sind ge-
wohnt, England als Hort politischer Freiheit zu preisen.
Vergessen wir aber nicht, dass diese theuer erkauft wird
durch die Unterwerfung unter einen gesellschaftlichen
und kirchlichen Zwang, den wir Deutschen schon seit
langer Zeit glücklich überwunden haben.

JENA, am 10. October 1882.   **Ernst Haeckel.**